Jorge Ñique

# Operación de convertidores electrónicos

Jorge Ñique

# Operación de convertidores electrónicos

## En redes débiles bajo condiciones de faltas y huecos de tensión

PUBLICIA

**Imprint**

Any brand names and product names mentioned in this book are subject to trademark, brand or patent protection and are trademarks or registered trademarks of their respective holders. The use of brand names, product names, common names, trade names, product descriptions etc. even without a particular marking in this work is in no way to be construed to mean that such names may be regarded as unrestricted in respect of trademark and brand protection legislation and could thus be used by anyone.

Cover image: www.ingimage.com

Publisher:
PUBLICIA
is a trademark of
International Book Market Service Ltd., member of OmniScriptum Publishing Group
17 Meldrum Street, Beau Bassin 71504, Mauritius

Printed at: see last page
**ISBN: 978-620-2-43101-9**

**Con amor a Diana y a Sofía.**

# Agradecimientos

Este TFM no habría sido posible sin la colaboración de un importante número de personas. A todos aquellos que siempre han estado ahí para guiarme y aconsejarme, les quiero dedicar mi más sincero agradecimiento.

En primer lugar, me gustaría agradecer a mi director Dr. Javier Roldán Pérez que ha supervisado este trabajo. Él me ha guiado intelectualmente, realizado valiosas sugerencias y ha dedicado mucho tiempo mejorando la calidad de este trabajo. Quiero resaltar en estas líneas su profunda vocación académica y rigurosidad científica que sin duda han aportado a mi formación profesional.

Agradezco a la Universidad Carlos III de Madrid que ha financiado parcialmente mis estudios y al Instituto Madrileño de Estudios Avanzados en Energía (IMDEA ENERGÍA) por la estancia en sus instalaciones durante la realización de este trabajo.

Agradezco a mis padres, Norma y Jorge, sin los cuales jamás habría llegado donde estoy ahora. A mis profesores Ing. Robert Guevara e Ing. Amancio Rojas de quienes he recibido apoyo desde que egresé de la Universidad Nacional del Santa.

A mis familiares que durante mi estancia fuera de Perú, nos apoyaron en el cuidado de Sofia.

Por último, pero no menos importante, me gustaría agradecer a Diana por su comprensión, amor y su continuo apoyo a lo largo de todos estos años.

# Resumen

Tradicionalmente, los generadores renovables basados en convertidores de electrónica de potencia debían desconectarse de la red en caso de faltas y huecos de tensión. Esto simplificaba la operación del sistema eléctrico ya que se evitaban islas eléctricas. Actualmente, este tipo de operación no es viable ya que pondría en peligro la estabilidad del sistema eléctrico debido a la alta penetración de generación renovable. En los códigos de red actuales, se imponen estrictos ratios de potencia activa y reactiva que estos generadores deben inyectar en caso de huecos de tensión. Este hecho supone un desafío en el desarrollo de estrategias de control para convertidores electrónicos, ya que estos tienen límites de operación de tensión y corriente que no se deben superar. En primer lugar, se debe garantizar que el sistema de control es capaz de seguir referencias de corriente bajo condiciones de desequilibrio. Además, se debe generar una referencia de corriente que cumpla con lo estipulado en los códigos de red. Todo se complica cuando la red es débil, ya que la tensión del punto de conexión puede variar con la corriente inyectada.

Este TFM aborda el control de convertidores bajo condiciones de faltas y huecos de tensión en redes débiles. En primer lugar, se diseña el sistema de control de un convertidor, que incluye el control de corriente, el control de tensión DC, y un sistema de sincronización capaz de operar bajo condiciones desequilibradas. Se hace especial hincapié en el diseño de los reguladores resonantes. En segundo lugar, se estudian los métodos de generación de corrientes de referencia en caso de huecos de tensión. Los desarrollos teóricos se verifican utilizando Matlab, así como un simulador detallado realizado con Simulink y SimPowerSystems. Finalmente, se analizan los resultados y se presentan las conclusiones.

**Palabras clave**: códigos de red, controles resonantes, control PI, huecos de tensión, componentes de secuencia, desacoplo de ecuaciones, Transformada de Park, DSOGI-PLL.

# Abstract

Traditionally, renewable energy sources based on power electronics converters should be disconnected from the grid in the case of faults and voltage sags. This simplified the electrical system operation because electrical islands were avoided. Nowadays, this behavior is not viable since the power system stability may be threatened due to the high penetration of renewable energy sources. Current grid codes establish strict levels of active and reactive power injection that power electronics converters should comply in the case of a voltage sag. This fact poses a challenge for power converters since they have current and voltage limits that should not be exceed. First of all, the control system must be able to track current references under unbalanced voltage conditions. Secondly, the current reference must be generated so that current and voltage limits are not exceeded. This is even more difficult when the grid is weak since the voltage at point of common coupling changes with the current injected.

This TFM tackles control systems for power electronics converters under faults and voltage sags. Firstly, the control system of a power converter is designed. This controller includes a current controller, a DC-voltage controller, and a synchronization system able to work under unbalanced conditions. The design of resonant controllers is studied in detail. Secondly, the current generation strategies under unbalanced conditions are studied in detail. All the theoretical developments are verified by using Matlab, and in a detailed simulator that has been developed with Simulink and SimPowerSystems. Finally, the conclusions and suggestions for further research are given.

**Keywords**: Grid codes, resonant controller, PI controller, voltage sags, sequence decomposition, decoupling equations, Park's transform, DSOGI-PLL.

# Índice general

# Índice de figuras

# Índice de tablas

# CAPITULO 1. Introducción y objetivos

## 1.1. Motivación del proyecto

En el pasado, se permitió a los generadores renovables desconectarse en condiciones de falta en la red. Sin embargo, en sistemas con importante penetración de renovables su desconexión originará un colapso de la frecuencia, comprometiendo la continuidad del suministro eléctrico. Por tanto, la investigación en el campo de operación de convertidores electrónicos bajo condiciones de faltas y huecos de tensión resulta crucial para la integración efectiva de las fuentes renovables a los sistemas eléctricos actuales. Los retos de investigación en este campo son:

- **Métodos de control**. Al generarse cierta referencia de corriente durante condiciones de red desequilibrada, resulta necesario disponer de un controlador de corriente capaz de seguir esas referencias de un modo seguro y robusto.
- **Adecuación a los códigos de red**. Es importante situar la investigación de operación de convertidores bajo condiciones de faltas y huecos de tensión en el contexto de las exigencias actuales (y tendencias futuras) de los códigos de red. Resultan de especial interés aquellos códigos de red de países con elevada penetración de renovables.

## 1.2. Objetivos

El objetivo fundamental de este TFM es:

1. El estudio de la operación de convertidores electrónicos en redes débiles bajo condiciones de faltas y huecos de tensión.

En base a este objetivo principal, se proponen los siguientes objetivos parciales:

1. Realizar el modelado de un convertidor electrónico capaz de seguir las referencias de corriente generadas durante las condiciones de red desequilibrada.

2. Realizar el estudio de estrategias de operación de convertidores y posterior simulación en un sistema de referencia *dq*.
3. Desarrollar un algoritmo para la simulación del concepto de limitación de corriente de un convertidor de potencia, considerando su capacidad nominal.

## 1.3. Fases de desarrollo

A continuación, se indican las fases realizadas para llevar a cabo este TFM:

- **Estudio preliminar**. En primer lugar, se realizó un estudio preliminar del estado del arte de cada problema.
- **Estudio teórico**. Una vez entendido los fundamentos de los problemas fue necesario una revisión de las herramientas matemáticas utilizadas en el control de convertidores. El estudio teórico finaliza con el modelado del sistema de estudio.
- **Diseño**. Con el modelado del sistema eléctrico ya disponible, la siguiente fase es el diseño de las estructuras de control de corriente. En esta fase se utilizan técnicas de análisis como: funciones de transferencia, diagramas de Bode, criterios de estabilidad entre otros.
- **Topología de simulación**. Modelado el convertidor electrónico con su respectivo sistema de control de corriente se establece dos topologías de simulación, que son: red fuerte y red débil.
- **Simulación**. Una vez estructurado el sistema eléctrico de estudio en Power Systems (Simulink) se procede a configurar las diferentes faltas y huecos de tensión utilizando una fuente programable. Con la simulación se verifica que los estudios teóricos previos se corresponden con los resultados de la simulación.

## 1.4. Recursos empleados

Los recursos empleados para realizar este TFM fueron:

- **Matlab**. Se utilizó las herramientas matemáticas de Matlab para los diferentes cálculos y análisis teóricos. Para ello se usó distintos *Toolbox* orientados al diseño de sistemas de control.
- **Simulink**. Se utilizó Simulink para el modelado de los diferentes componentes del sistema de control de corriente. Para simular el sistema eléctrico de potencia se utilizó Power Systems (Simscape).
- **Laboratorio de IMDEA ENERGÍA**. Se utilizó el laboratorio para comprender la operación de convertidores electrónicos en un sistema eléctrico real. Los parámetros de simulación fueron tomados del Laboratorio de Integración Inteligente de Energías.
- **Bibliografía**. Se ha hecho uso de referencias bibliográficas y artículos del IEEE accesibles desde la biblioteca de la UC3M.

## 1.5. Estructura de memoria

Para facilitar la lectura de la memoria, se incluye a continuación un breve resumen de cada capítulo:

**CAPÍTULO 1. Introducción y objetivos**

En este capítulo se encuentra la motivación del TFM e indica porque resulta crucial investigar en el campo de operación de convertidores electrónicos bajo condiciones de faltas y huecos de tensión. También se definen los objetivos, fases de desarrollo y recursos empleados.

**CAPÍTULO 2. Estado del arte**

Este capítulo se tratan conceptos que ponen en contexto la importancia de la operación de convertidores electrónicos bajo condiciones de red desequilibrada. También se hace una introducción al control de corriente de convertidores y a las estrategias de control.

**CAPÍTULO 3. Modelado y control de un VSC**

En este capítulo se realiza el modelado matemático de un convertidor de potencia conectado a la red mediante un filtro *LCL*, utilizando el sistema de referencia *dq*. También se desarrollan los criterios para el diseño de los diferentes sistemas de control que necesita el convertidor de potencia.

**CAPÍTULO 4. Estrategias de operación bajo condiciones de red desequilibrada**

Este capítulo es un resumen de las estrategias de operación existentes para generar la corriente de referencia en un convertidor de potencia bajo condiciones de red desequilibrada. Como aporte de este TFM en la sección 4.8.3. se encuentra el desarrollo de un algoritmo que brinda una visión general útil para la simulación de la referencia de potencia reactiva máxima. Esta referencia $Q^*_{max}$ considera la inyección simultanea de cierta referencia de potencia activa y considerando el concepto de limitación de corriente que impone la capacidad nominal del convertidor electrónico.

**CAPÍTULO 5. Resultados**

Este capítulo se encuentra dividido en tres secciones. La primera sección presenta los resultados de pruebas realizadas a los diferentes sistemas de control del convertidor. La segunda sección está orientada al análisis del comportamiento de las diferentes estrategias de operación estudiadas. La tercera sección presenta los resultados de simulación en un sistema de red débil.

**CAPÍTULO 7. Conclusiones**

En este capítulo se encuentran las conclusiones consideradas más importantes. Las conclusiones se han organizado por áreas de estudio para una mayor comprensión.

**CAPÍTULO 8. Trabajos futuros**

Finalmente, en este capítulo se han sugerido trabajos futuros que profundizan en el desarrollo y la investigación de la operación de convertidores electrónicos bajo condiciones de red desequilibrada.

# CAPITULO 2. Estado del arte

## 2.1. Importancia del control de convertidores bajo condiciones de red desequilibrada

Por diversos motivos, tales como: financieros, políticos, de responsabilidad ambiental entre otros las energías renovables han aumentado su capacidad instalada en los sistemas eléctricos. Para garantizar la estabilidad y continuidad de suministro en un sistema eléctrico con un importante nivel de penetración de fuentes renovables resulta vital que los generadores renovables se comporten de manera muy parecida a la generación convencional.

A diferencia de las fuentes de generación convencionales que se conectan a la red eléctrica por medio de generadores síncronos, las fuentes de generación renovables lo hacen a través de convertidores electrónicos. Por tanto, los convertidores conectados a la red deben diseñarse teniendo en cuenta que deben garantizar una operación adecuada bajo condiciones genéricas de red, siendo especialmente importante diseñar estrategias de control que aseguren un funcionamiento seguro y robusto bajo condiciones de falta en la red eléctrica.

Se verá en este TFM que bajo condiciones de falta o huecos de tensión y según la estrategia de operación seleccionada, el convertidor inyectará a la red eléctrica un conjunto de corrientes que permitirá:

- Maximizar la inyección instantánea de potencia.
- Atenuar las oscilaciones de potencia.
- Contribuir a aumentar la tensión de red en el punto común de acoplamiento.
- Equilibrar las tensiones de red en el punto común de acoplamiento.

Como ejemplo de un sistema eléctrico con elevada penetración de renovables se tiene el sistema peninsular español, donde en el año 2016 la producción de energía renovable (eólica y solar fotovoltaica) alcanzó los 54 863 $MWh$ representando el 21,95% de la producción total [1, p. 31]. Incluso este porcentaje de penetración puede aumentar en determinados días como se observa en la Figura 2.1, donde la penetración (solo eólica) alcanzó un 52,1% el día 7 de Febrero de 2016 [1, p. 36].

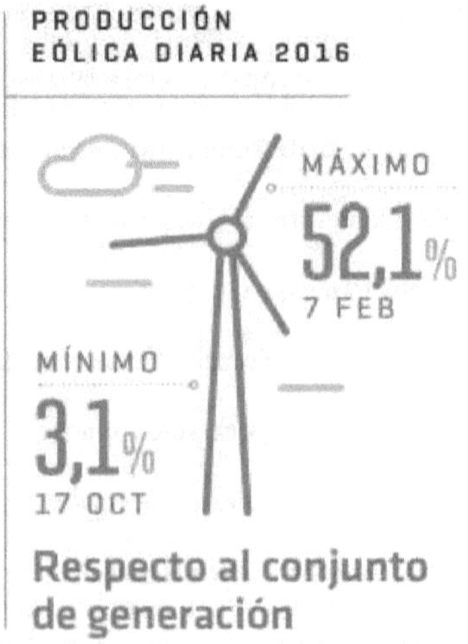


**Figura 2.1** Producción eólica máxima y mínima en % en España **2016**. Fuente: REE.

## 2.2. Códigos de red

Se denomina código de red al conjunto de requerimientos técnicos que deben cumplir los generadores conectados a un sistema eléctrico. Los códigos de red de diferentes países se han venido modificando en los últimos años con el aumento de la penetración de las energías renovables. Las modificaciones en los códigos de red buscan principalmente garantizar la estabilidad del sistema eléctrico en un escenario de importante penetración de fuentes renovables. Estas modificaciones traen como resultado que las fuentes de energía renovables se comporten, cada vez, más como fuentes de generación convencional. Estando la generación convencional conectadas a la red eléctrica a través de un generador síncrono. Entre las principales variables que consideran los códigos de red se encuentran:

- Control primario de frecuencia.
- Rangos de operación de frecuencia.
- Control de potencia reactiva.
- Control de tensión.
- Control de potencia activa.
- Tensión de operación en falla.
- Calidad de onda.

En este TFM se hará hincapié sobre la operación de convertidores de potencia bajo condiciones de falta y huecos de tensión (condición de red desequilibrada).

## 2.3. Tensión de operación en falta (Fault Ride-through Capability)

En el pasado, se permitió a los generadores renovables desconectarse en condiciones de falta en la red. Sin embargo, en sistemas con importante penetración de renovables su desconexión originará un colapso en la frecuencia, comprometiendo la continuidad del servicio eléctrico. Para solucionar este problema fue introducido el requisito de tensión de operación en falta (FRT) (del inglés, *fault ride – through*) que consiste en soportar tensiones muy bajas (huecos de tensión) en el punto común de acoplamiento de las fuentes renovables por un tiempo determinado. Este tiempo normalmente es igual al despeje de la falta por la protección principal más un margen adicional [2]. Este requisito se introdujo por primera vez en Dinamarca en 1998 y más tarde en los códigos de red de otros países. En la Figura 2.2 se observa el requisito de "tensión de operación en falta" para el código de red de España [3]. La tensión en la Figura 2.2 corresponde a la tensión fase – tierra correspondiente a las fases en falta.

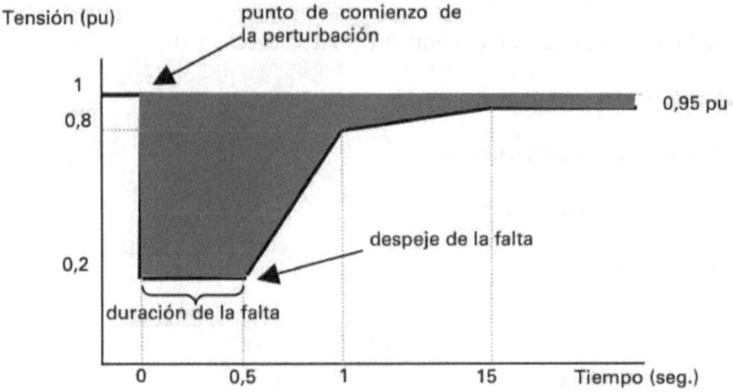


**Figura 2.2** Curva tensión – tiempo que define el área del hueco de tensión en el PCC que debe soportar la instalación. Fuente: REE.

En [3] también se indica que:

> "*Tanto durante el periodo de falta como durante el periodo de recuperación de tensión posterior al despeje de la misma, la instalación deberá aportar al sistema eléctrico la máxima intensidad posible* ($I_{total}$)*. Esta aportación de intensidad por parte de la instalación al sistema eléctrico se efectuará de forma que el punto de funcionamiento de la instalación se localice dentro del área sombreada de la Figura 2.3, antes de transcurridos* $150\ ms$ *desde el inicio de la falta o desde el instante de despeje de la falta. Así, para tensiones inferiores a* $0{,}85\ p.u$*, en el punto de conexión a red, la instalación deberá generar potencia reactiva, mientras que para tensiones comprendidas entre* $0{,}85\ p.u$ *y el valor de la tensión mínima admisible para la operación normal del sistema eléctrico, la instalación no deberá consumir potencia reactiva ...*"

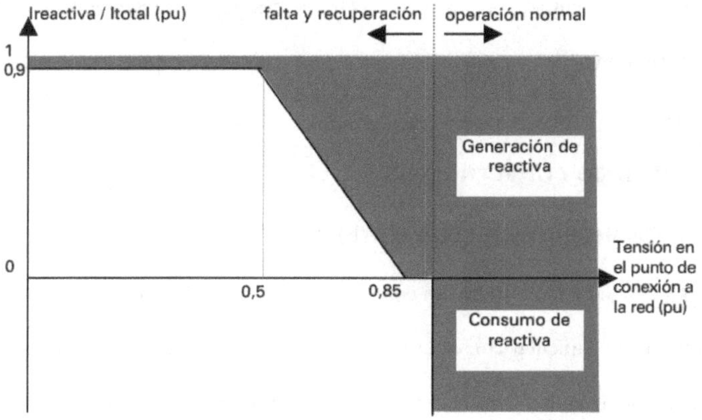


**Figura 2.3** Área de funcionamiento admisible durante los periodos de falta y de recuperación de tensión, en función de la tensión en el punto de conexión de red. Fuente REE.

## 2.4. Hueco de tensión

Es una reducción, repentina y de corta duración, del valor RMS de la tensión. Esta reducción generalmente se encuentra dentro del 10% y 90% del valor nominal, con una duración entre 0,5 ciclos y 1 minuto [4], [5]. Los huecos de tensión también son denominados *sags*.

Los huecos de tensión se producen a las siguientes causas, tales como [6]:

- Faltas. Las elevadas corrientes producto de faltas en líneas eléctricas produce un hundimiento en la tensión.
- Energización de cargas importantes. Ejemplo: horno de arco eléctrico usados en la industria metalúrgica.
- Arranque de grandes motores de inducción. Debido a la corriente de arranque.

Entre los principales efectos de los huecos de tensión se tienen:

- Problemas de estabilidad. Los huecos de tensión pueden ocasionar que fuentes de generación se desconecten del sistema.

- Mal funcionamiento de dispositivos eléctricos y equipos de medición y control.

Los huecos de tensión aparecen en condiciones equilibradas y desequilibradas, pero los huecos de tensión desequilibrados son los más frecuentes.

## 2.5. Control de convertidores

### 2.5.1. Control principal de corriente

También conocido en la literatura como control de la fundamental, se encarga de seguir la corriente fundamental con error cero en régimen estacionario. Es importante indicar que la corriente a frecuencia fundamental representada en un sistema de referencia síncrono queda definida por un valor constante. Por tanto, es posible controlar un convertidor de potencia solo utilizando un control principal siempre y cuando la red se encuentre en condiciones equilibradas. Para el control principal se suele usar un controlador proporcional – integral denominado: control PI.

### 2.5.2. Control de armónicos

Denominado también en la literatura como control proporcional resonante. Se utilizan comúnmente para seguir corrientes armónicas en los sistemas de potencia, ya que representan una solución simple y fiable [7], [8]. Cuando se aplican controles resonantes, las corrientes armónicas a seguir se pueden ajustar libremente para los armónicos típicos y también para los sub armónicos e inter armónicos, si son requeridos [9].

Para establecer que armónicos serán considerados en el diseño de un control resonante resulta importante analizar como quedan representadas las magnitudes armónicas del sistema trifásico *abc* cuando son representadas en el sistema de referencia síncrono *dq*.

En la tabla 3.1 se muestran las componentes armónicas en el sistema trifásico *abc* y como quedan representados en el sistema de referencia *dq0*.

**Tabla 2.1** Armónicos en sistema trifásico abc y su equivalente en dq0.

Recuadro distingue armónicos resultantes de carga equilibrada.

| **Armónicos en** abc | **Secuencia en** abc | **Armónicos en** dq | **Armónicos en** 0 |
|---|---|---|---|
| | [+] | [0] | |
| 1 | 0 | | 1 |
| | - | 2 | |
| | + | 1 | |
| 2 | 0 | | 2 |
| | - | 3 | |
| | + | 2 | |
| 3 | [0] | | [3] |
| | - | 4 | |
| | + | 3 | |
| 4 | 0 | | 4 |
| | - | 5 | |
| | + | 4 | |
| 5 | 0 | | 5 |
| | [-] | [6] | |
| | + | 5 | |
| 6 | 0 | | 6 |
| | - | 7 | |
| | [+] | [6] | |
| 7 | 0 | | 7 |
| | - | 8 | |
| | + | 7 | |
| 8 | 0 | | 8 |
| | - | 9 | |
| | + | 8 | |
| 9 | [0] | | [9] |
| | - | 10 | |
| | + | 9 | |
| 10 | 0 | | 10 |
| | - | 11 | |
| | + | 10 | |
| 11 | 0 | | 11 |
| | [-] | [12] | |
| | + | 11 | |
| 12 | 0 | | 12 |
| | - | 13 | |
| | [+] | [12] | |
| 13 | 0 | | 13 |
| | - | 14 | |

De la Tabla 3.1 se pueden hacer las siguientes observaciones:

- Si $\boldsymbol{i} = (i_a, i_b, i_c)$ es un sistema equilibrado de señales sinusoidales a frecuencia fundamental $\omega_1$, entonces $i_d(t) = i_d$ e $i_q(t) = i_q$, es decir, son constantes.
- Si $\boldsymbol{i} = (i_a, i_b, i_c)$ es un sistema equilibrado de señales sinusoidales a frecuencia $h\omega_1$ y secuencia positiva, entonces $i_d(t)$ e $i_q(t)$ son sinusoidales a frecuencia $h\omega_1 - \omega_1$.
- Si $\boldsymbol{i} = (i_a, i_b, i_c)$ es un sistema equilibrado de señales sinusoidales a frecuencia $h\omega_1$ y secuencia negativa, entonces $i_d(t)$ e $i_q(t)$ son sinusoidales a frecuencia $h\omega_1 + \omega_1$.

La variable $h$ representa el orden del armónico y $\omega_1$ es la frecuencia fundamental. Resultados similares se obtienen para las tensiones $\boldsymbol{v} = (v_a, v_b, v_c)$. Dado que los armónicos de corriente quedan representados en el marco síncrono como señales sinusoidales a frecuecias especificas, el control resonante debe ser capaz de seguir esas referencias de corriente con error cero.

## 2.6. Estrategias de operación bajo condiciones de red desequilibrada

En la actualidad, los generadores renovables no pueden desconectarse de la red bajo condiciones de red desequilibrada (ocasionada por faltas o huecos de tensión). Esta prohibición (permitida en el pasado) se debe a la importante penetración de energías renovables en los sistemas eléctricos modernos. La desconexión de centrales renovables de importante capacidad originará un colapso en la frecuencia comprometiendo la continuidad del suministro eléctrico. Los convertidores de potencia conectados a la red deben ser diseñados teniendo en cuenta que deben ofrecer una operación confiable bajo condiciones genéricas de red. Resulta especialmente importante el diseño de estrategias de operación que aseguren un funcionamiento robusto y seguro bajo condiciones de falta o huecos de tensión. La inyección (del convertidor de potencia hacia la red) de un conjunto adecuado de corrientes (equilibradas o desequilibradas) bajo condiciones de tensión de red desequilibrada permiten atenuar oscilaciones de potencia, maximizar la entrega de potencia instantánea, aumentar o equilibrar la tensión de red en el punto de conexión.

# CAPITULO 3. Modelado y control de un VSC

Este capítulo describe el modelado y control para un convertidor fuente de tensión conectado a la red eléctrica a través de un filtro LCL. En la sección 3.1 se muestra la organización del control, la sección 3.2 explica el modelado usando la Transformada de Park y en las secciones 3.3 y 3.4 se describe el control principal de corriente y el control de armónicos respectivamente. La sección 3.5 indica cómo se generan las referencias de corriente y la sección 3.6 está referida al control de tensión del bus de continua del convertidor. Finalmente, la sección 3.7 muestra la estructura de sincronización utilizada en este TFM.

## 3.1. Organización del control

En la Figura 3.1 se observa el diagrama eléctrico y de control de corriente de un VSC, que se va estudiar en este TFM, conectado a red mediante un filtro *LCL*.

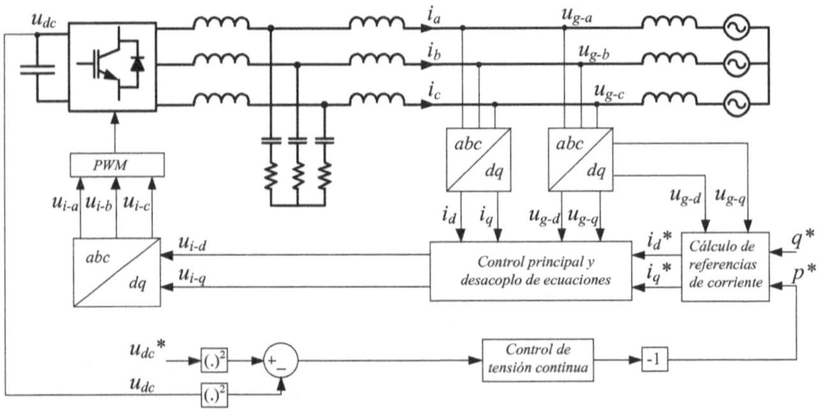


**Figura 3.1** Diagrama eléctrico y de control de un VSC conectado a red mediante un filtro LCL.

En este TFM el control de corriente está dividido en dos partes: el control principal y el control de armónicos. Estos controles están organizados en una estructura tipo *plug-in*, como la mostrada en la Figura 3.2 [10], [11]. La estructura de control tipo *plug – in* permite diseñar el control de armónicos y el control principal de manera independiente obteniéndose ventajas al momento de evaluar la estabilidad del sistema de control.

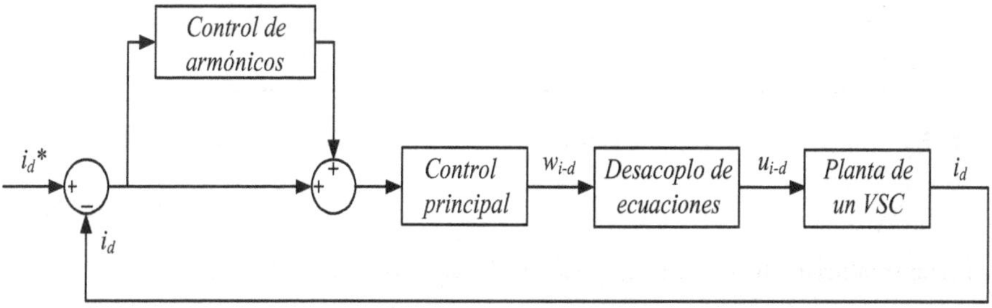


**Figura 3.2** Estructura plug-in. Detalle del control de corriente para el eje d.

En la Figura 3.2 $i_d^*$ es la corriente de referencia, $i_d$ es la corriente de salida del filtro *LCL*, $w_{i-d}$ es un mando virtual y $u_{i-d}$ es la tensión del convertidor. El diagrama de control es similar para el eje *d*.

Los controladores están expresados en un sistema de referencia *dq*, síncrono con la componente en el eje *d* de la tensión de la red [12].

## 3.2. Modelado usando la Transformada de Park

Para modelar y controlar sistemas trifásicos se suele usar la Transformada de Park debido a que se reduce la complejidad de las expresiones [13]. En este TFM solo se tendrán en cuenta las componentes *d* y *q* de los vectores espaciales, ya que se ha considerado un sistema eléctrico de tres hilos (la componente homopolar de corriente vale cero). La Transformada de Park puede aplicarse sobre ecuaciones diferenciales que representen la dinámica de un circuito eléctrico, sin limitarse a régimen estacionario ni a sistemas equilibrados. En la Figura 3.3 se puede observar un VSC modelado como una fuente ideal de tensión $u_i$ que se conecta a la red mediante un filtro *LCL*.

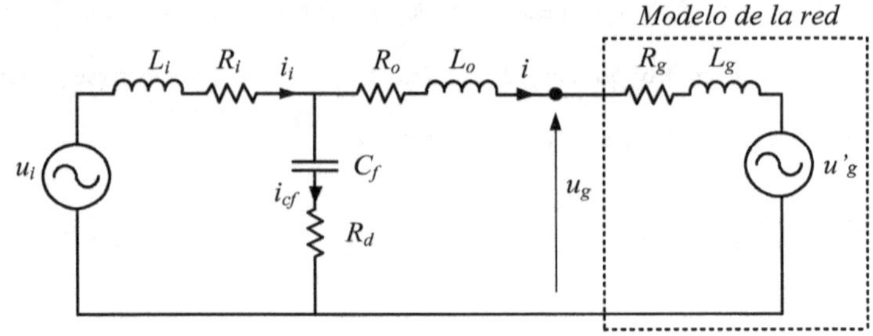


**Figura 3.3** Esquema eléctrico monofásico de un VSC conectado a la red mediante un filtro LCL.

La notación utilizada en la Figura 3.3 y que se utilizará a lo largo del TFM es:

$u_i$: tensión generada por el convertidor.

$u_g$: tensión en el punto de conexión del convertidor.

$u'_g$: tensión de red.

$u_{Cf}$: tensión en el condensador.

$i_i$: corriente lado del convertidor.

$i_{C_f}$: corriente a través de condensador.

$i$: corriente lado de la red.

$L_i$: Inductancia lado del convertidor.

$R_i$: Parte resistiva de $L_i$.

$L_o$: Inductancia lado de la red.

$R_o$: Parte resistiva de $L_o$.

$C_f$: Capacitancia del filtro.

$R_d$: Resistencia de amortiguamiento.

$L_g$: Inductancia de la red.

$R_g$: Parte resistiva de $L_g$.

Las ecuaciones diferenciales que describen la dinámica del circuito de la Figura 3.3 son (siendo iguales para cada una de las tres fases):

$$L_i \frac{di_i}{dt} = -u_{cf} + u_i - (R_i + R_d)i_i + R_d i \ , \tag{3.1}$$

$$L_o \frac{di}{dt} = u_{cf} - u_g + R_d i_i - (R_o + R_d)i \ , \tag{3.2}$$

$$C_f \frac{du_{cf}}{dt} = i_i - i \ . \tag{3.3}$$

Para obtener las ecuaciones diferenciales en el sistema de referencia $dq$ se puede aplicar directamente la Transformada de Park, aunque el proceso es tedioso. Como alternativa se aplicará el concepto de vector espacial para obtener el mismo resultado. Aplicando la Transformada de Clarke a la ecuación (3.1), se obtiene [6]:

$$L_i \frac{d\boldsymbol{i}_{i_{\alpha\beta}}}{dt} = -\boldsymbol{u}_{cf_{\alpha\beta}} + \boldsymbol{u}_{i_{\alpha\beta}} - (R_i + R_d)\boldsymbol{i}_{i_{\alpha\beta}} + R_d \boldsymbol{i}_{\alpha\beta} \tag{3.4}$$

donde (3.4) está expresada en el sistema de referencia estacionario $\alpha\beta$.

Teniendo en cuenta que se define un vector en un sistema de referencia síncrono como:

$$\boldsymbol{f}_{dq} = f_d + jf_q = \boldsymbol{f}_{\alpha\beta} e^{-j\theta} \tag{3.5}$$

donde $\theta$ es el ángulo usado en la Transformada de Park. Aplicando (3.5) a la ecuación (3.4) se puede pasar del sistema de referencia estacionario $\alpha\beta$ al sistema de referencia síncrono $dq$, resultando:

$$L_i \frac{d\left(e^{j\theta}\boldsymbol{i}_{i_{dq}}\right)}{dt} = -e^{j\theta}\boldsymbol{u}_{cf_{dq}} + e^{j\theta}\boldsymbol{u}_{i_{dq}} - (R_i + R_d)e^{j\theta}\boldsymbol{i}_{i_{dq}} + R_d e^{j\theta}\boldsymbol{i}_{dq} \tag{3.6}$$

Multiplicando (3.6) por $e^{-j\theta}$ y considerando que $\omega = d\theta/dt$, se tiene que:

$$L_i \frac{d\boldsymbol{i}_{i_{dq}}}{dt} = -(R_i + R_d)\boldsymbol{i}_{i_{dq}} + R_d \boldsymbol{i}_{dq} - j\omega L_i \boldsymbol{i}_{i_{dq}} - \boldsymbol{u}_{cf_{dq}} + \boldsymbol{u}_{i_{dq}} \tag{3.7}$$

Finalmente, escribiendo la ecuación (3.7) para el eje $d$ (parte real) y para el eje $q$ (parte imaginaria), resulta:

$$L_i \frac{di_{i_d}}{dt} = -(R_i + R_d)i_{i_d} + R_d i_d + \omega L_i i_{i_q} - u_{cf_d} + u_{i_d} \qquad (3.8)$$

$$L_i \frac{di_{i_q}}{dt} = -(R_i + R_d)i_{i_q} + R_d i_q - \omega L_i i_{i_d} - u_{cf_q} + u_{i_q} \qquad (3.9)$$

Siguiendo el mismo procedimiento se puede escribir (3.2) como:

$$L_o \frac{di_d}{dt} = R_d i_{i_d} - (R_o + R_d)i_d + \omega L_o i_q + u_{c_{fd}} - u_{g_d} \qquad (3.10)$$

$$L_o \frac{di_q}{dt} = R_d i_{i_q} - (R_o + R_d)i_q - \omega L_o i_d + u_{cf_q} - u_{g_q} \qquad (3.11)$$

Igualmente, se puede escribir (3.3) en términos de las componentes $dq$, resultando:

$$C_f \frac{du_{cf_d}}{dt} = i_{i_d} - i_d + \omega C_f u_{cf_q} \qquad (3.12)$$

$$C_f \frac{du_{cf_q}}{dt} = i_{i_q} - i_q - \omega C_f u_{c_{fd}} \qquad (3.13)$$

De las ecuaciones en componentes $dq$ descritas en (3.8), (3.9), (3.10), (3.11), (3.12) y (3.13) se pueden concluir que:

1. Las ecuaciones en el sistema de referencia $dq$ tienen el mismo orden que en el sistema trifásico.
2. Aparece un término de acoplamiento $\omega$ entre los ejes $d$ y $q$, que es la velocidad de rotación del sistema de referencia usado para la Transformada de Park.

Para realizar el control, se utilizarán ecuaciones de desacoplo entre la dinámica de los ejes $d$ y $q$. Por tanto, se puede estudiar la planta realizando el control en un solo eje (sin acoplamientos). Resulta necesario conocer la función de transferencia de la planta, que se denominará $P(s)$. La función de transferencia en el dominio de Laplace, que relaciona $i$ con $u_i$ según la Figura 3.3 está dada por:

$$P(s) = \frac{I(s)}{U_i(s)} = \frac{b_1 s + b_0}{a_3 s^3 + a_2 s^2 + a_1 s + a_0} \quad (3.14)$$

donde:

$b_1 = C_f R_d$,

$b_0 = 1$,

$a_3 = L_i L_o C_f$,

$a_2 = [L_i(R_o + R_d) + L_o(R_i + R_d)]C_f$,

$a_1 = \left[(L_i + L_o) + C_f(R_i R_o + R_i R_d + R_o R_d)\right]$,

$a_0 = R_i + R_o$.

En la

**Figura 3.4** se muestra el diagrama de bode de $P(s)$ obtenida con los parámetros del filtro *LCL* que se va a estudiar en este TFM.

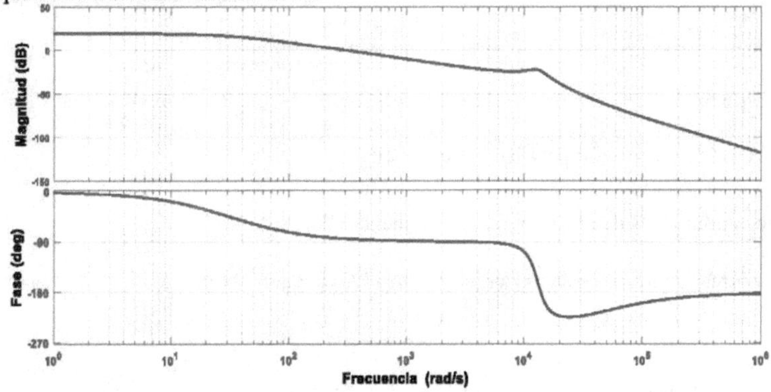


**Figura 3.4** Diagrama de bode de $P(s)$ considerando: $L_i = 2{,}3\ mH$, $R_i = 72{,}3 m\Omega$, $L_o = 0{,}93\ mH$, $R_o = 29{,}2 m\Omega$, $C_f = 8{,}8 \mu F$ y $R_d = 2{,}89\Omega$.

## 3.3. Control principal de corriente

El cálculo de las constantes de control resulta complicado ya que el denominador de $P(s)$ es de orden tres. Para simplificar el diseño, se utiliza una aproximación del filtro $LCL$ en bajas frecuencias. La función de transferencia simplificada $P_s(s)$ viene dada por:

$$P_s(s) = \frac{I(s)}{U_i(s)} = \frac{1}{(L_i + L_o)s + (R_i + R_o)}. \tag{3.15}$$

La Figura 3.5 muestra el esquema eléctrico de esta aproximación.

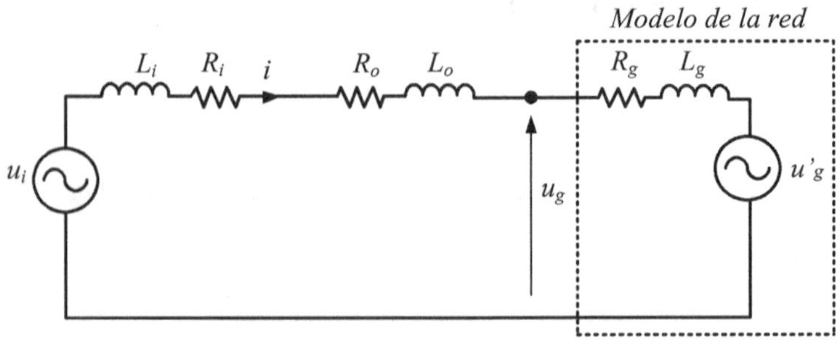


**Figura 3.5** Esquema eléctrico monofásico de un VSC conectado a la red mediante un filtro LCL (aproximación para bajas frecuencias).

Se asume que los parámetros de red $R_g$ y $L_g$ son pequeños. Por tanto, $u_g \approx u'_g$.

Las ecuaciones correspondientes a la corriente del filtro LCL, según aproximación de la Figura 3.5, son:

$$\frac{d}{dt}\begin{bmatrix} i_d \\ i_q \end{bmatrix} = \begin{bmatrix} -\left(\frac{R_i + R_o}{L_i + L_o}\right) & \omega \\ -\omega & -\left(\frac{R_i + R_o}{L_i + L_o}\right) \end{bmatrix} \begin{bmatrix} i_d \\ i_q \end{bmatrix} + \begin{bmatrix} \frac{1}{L_i + L_o} & 0 \\ 0 & \frac{1}{L_i + L_o} \end{bmatrix} \begin{bmatrix} u_{id} - u_{gd} \\ u_{iq} - u_{gq} \end{bmatrix} \tag{3.16}$$

Para controlar $i_d$ e $i_q$ de manera independiente se utilizan unos mandos virtuales ( $w_{id}$ para el eje $d$ y $w_{iq}$ para el eje $q$), resultando [14]:

$$\frac{d}{dt}\begin{bmatrix} i_d \\ i_q \end{bmatrix} = \begin{bmatrix} -\left(\frac{R_i + R_o}{L_i + L_o}\right) & 0 \\ 0 & -\left(\frac{R_i + R_o}{L_i + L_o}\right) \end{bmatrix} \begin{bmatrix} i_d \\ i_q \end{bmatrix} + \begin{bmatrix} \frac{1}{L_i + L_o} & 0 \\ 0 & \frac{1}{L_i + L_o} \end{bmatrix} \begin{bmatrix} w_{id} \\ w_{iq} \end{bmatrix} \quad (3.17)$$

Los mandos virtuales introducidos permiten manejar un modelo desacoplado para cada uno de los ejes. La relación entre los mandos virtuales y los reales está dada por:

$$u_{id} = w_{id} + u_{gq} - \omega(L_i + L_o)i_q \quad (3.18)$$

$$u_{iq} = w_{iq} + u_{gq} + \omega(L_i + L_o)i_d \quad (3.19)$$

donde $\boldsymbol{u}_{i_{dq}}$ es la tensión generada por el convertidor y $\boldsymbol{w}_{i_{dq}}$ es la tension virtual generada por el control.

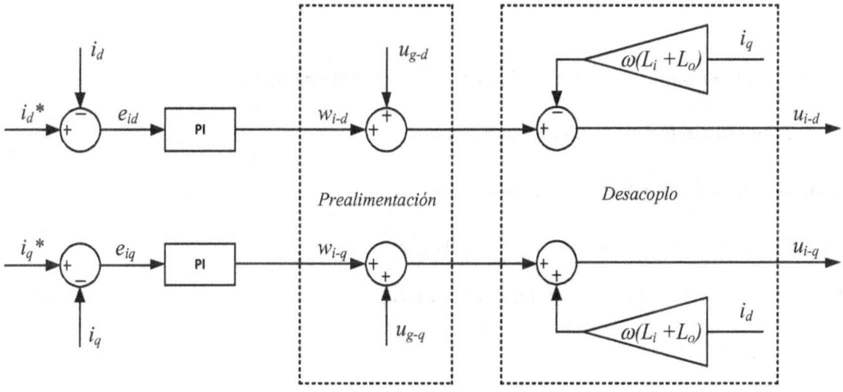


**Figura 3.6** Diagrama de bloques del control de corriente, pre alimentación de tensión de red y desacoplo entre ejes.

Para diseñar el control de corriente se pretende utilizar la técnica de asignación de polos. Para esta técnica se requiere la función de transferencia de la planta, que es:

$$P_{s_d}(s) = \frac{I_d(s)}{W_{id}(s)} \quad (3.20)$$

$$P_{s_q}(s) = \frac{I_q(s)}{W_{iq}(s)} \quad (3.21)$$

El diseño del control de cada eje se puede hacer de forma independiente. Además, como las dinámicas de ambos ejes son iguales se puede hacer un diseño común. De aquí en adelante, se hará el desarrollo solo para el eje *d*.

Para lograr un error nulo ante escalones en la referencia de corriente, es necesario utilizar un control con acción integral. Por tanto, se decide usar un control PI que asegura error nulo en régimen estacionario [15]. El control PI se puede formular como:

$$w_{i_d}(t) = K_p \left[ e_{i_d}(t) + \frac{1}{T_i} \int e_{i_d}(t) dt \right] \quad (3.22)$$

donde:

$w_{id}(t)$: mando virtual generado por el control de corriente para el eje *d*.

$e_{i_d}(t)$: error del control de corriente para el eje *d*.

$K_P$: constante de acción proporcional del control PI.

$T_i$: constante de acción integral del control PI.

Aplicando la Transformada de Laplace sobre (3.22) se obtiene la función de transferencia del control, dada por:

$$C_d(s) = \frac{W_{i_d}(s)}{E_{i_d}(s)} = K_p \left( 1 + \frac{1}{T_i s} \right) \quad (3.23)$$

Definiendo la función de transferencia de lazo abierto $G(s)$ como:

$$G(s) = C_d(s) P_{s_d}(s) \quad (3.24)$$

Para diseñar el control se necesita la función de transferencia de lazo cerrado $F(s)$, que está dada por:

$$F(s) = \frac{G(s)}{1 + G(s)} \tag{3.25}$$

La expresión (3.25) tiene la forma de la denominada *forma estándar* de un sistema de segundo orden y, por tanto, es posible calcular las constantes $K_p$ y $T_i$ [15]. Las expresiones (3.26) y (3.27) determinan $K_p$ y $T_i$ respectivamente y vienen dadas por:

$$K_p = 2\zeta\omega_n(L_1 + L_2) - R_1 - R_2 \tag{3.26}$$

$$T_i = \frac{\mathrm{K}_p}{(L_1 + L_2)\omega_n^2} \tag{3.27}$$

donde $\zeta$ es el factor de amortiguamiento relativo y $\omega_n$ es la frecuencia natural no amortiguada. El tiempo de establecimiento típico para un sistema de control de corriente es del orden de 5 $ms$.

## 3.4. Control de armónicos

En un sistema bajo condiciones de falta la corriente oscilará a ciertas frecuencias (armónicos) en el sistema de referencia síncrono *dq*, debido a que la corriente está desbalanceada [16]. En esta condición el controlador PI no es capaz de alcanzar un error cero en régimen estacionario. Debido a este problema se hace necesario implementar una modificación al control principal de corriente. Esta modificación está enfocada en reducir a cero el error generado por el controlador PI. En este TFM tal modificación se logra añadiendo un control resonante al control PI.

### 3.4.1. Formas del control resonante

Existen tres formatos básicos para estos controles resonantes [17], [18]. En el dominio de Laplace vienen representados por:

$$CR_1(s) = \frac{K}{s^2 + (h\omega_1)^2} \tag{3.28}$$

$$CR_2(s) = \frac{Ks}{s^2 + (h\omega_1)^2} \tag{3.29}$$

$$CR_3(s) = \frac{Ks^2}{s^2 + (h\omega_1)^2} \tag{3.30}$$

Aparte de los tres formatos de controladores resonantes presentadas en (3.28), (3.29) y (3.30), algunos autores han desarrollado controladores resonantes modificados con el objetivo de compensar el retraso de fase que se produce a la frecuencia $h\omega_1$ [19], [20]. La expresión (3.31) es un ejemplo de este controlador modificado, donde la forma del denominador se mantiene intacta para conseguir un error cero en régimen permanente. La expresión (3.31) solo presenta cambios en la forma del numerador en el cual ha sido añadido un cero. Esta modificación añade un cero en el numerador y permite compensar el retraso de fase generado por la planta. Dicha compensación se realiza a través de $\varphi_h$, siendo $\varphi_h = -\varphi_P$, donde $\varphi_P$ es la fase de la planta $P(s)$ a la frecuencia $jh\omega_1$. $K_h$ es la ganancia proporcional para un $h$ específico.

$$CR_h(s) = K_h \frac{s \cos\varphi_h - \omega_1 h \sin\varphi_h}{s^2 + (h\omega_1)^2} \tag{3.31}$$

En este TFM se usará para el control resonante la forma indicada en la expresión (3.31). El esquema del control de corriente que se ha diseñado se muestra en la Figura 3.7. Se observa en la Figura 3.7 que el control de corriente consiste en un control PI, al cual se ha añadido cuatro controles resonantes en paralelo para los armónicos correspondientes a $h = 2, 4, 6\ y\ 8$. Dichos controladores corresponden con las principales componentes armónicas presentes en un sistema trifásico desequilibrado (ver Tabla 2.1). Es importante mencionar que el control de corriente para el eje $q$ tiene exactamente la misma forma que el control de corriente en *d*.

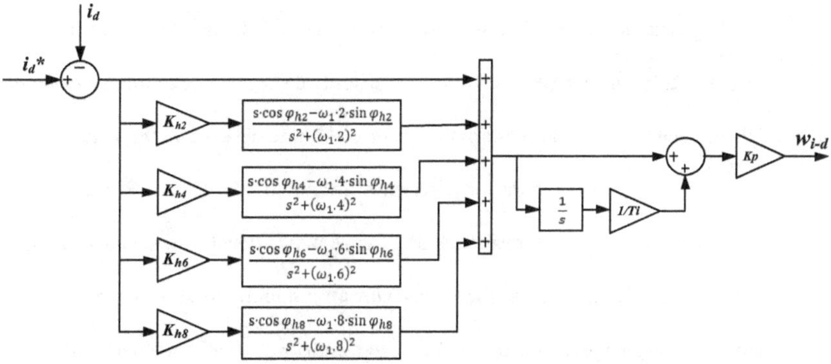


**Figura 3.7** Control de corriente PI + Controles resonante para el eje d.

Al diseñar el sistema de control de corriente para un convertidor de potencia, es necesario que el sistema de control sea estable. Es una práctica común analizar la estabilidad de un sistema en términos de sus márgenes de ganancia y márgenes de fase. Con la finalidad de determinar si el sistema de control de la Figura 3.7 es estable se analizan los márgenes de fase y márgenes de ganancia. Para ello se realiza el diagrama de Bode del sistema de control en lazo abierto:

$$G(s) = CR(s)FP(s) \tag{3.32}$$

con $CR(s)$ y $FP(s)$, dadas por:

$$CR(s) = CR_2(s) + CR_4(s) + CR_6(s) + CR_8(s) \tag{3.33}$$

$$FP(s) = \frac{C(s)P(s)}{1 + C(s)P(s)} \tag{3.34}$$

donde:

$CR(s)$: es un control resonante sintonizado a frecuencias seleccionadas.

$C(s)$: es el control PI descrito en (3.23).

$P(s)$: es la planta del filtro LCL descrito por (3.14).

El diagrama de Bode del control de corriente de la Figura 3.7 se muestra en la Figura 3.8. En la Figura 3.8 se observa que el sistema de control tiene márgenes de ganancia positivos para los diferentes armónicos de diseño, se observa también que los márgenes de fase son positivos para los diferentes armónicos de diseño. Por tanto, según los márgenes de ganancia y márgenes de fase, se puede concluir que el sistema de control de la Figura 3.7 es estable. Para conseguir un rendimiento satisfactorio del sistema de control, los márgenes de fase deben estar entre 30° y 60°, además los márgenes de ganancia deben ser superior a 6 $dB$ [15] [21].

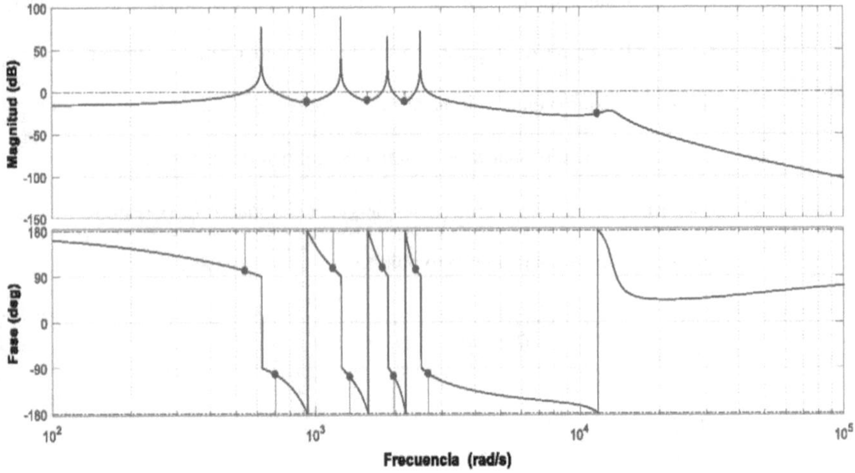


**Figura 3.8** Diagrama de Bode del control de corriente donde se aprecian los márgenes de ganancia y de fase.

## 3.5. Cálculo de referencias de corriente

El cálculo de la potencia instantánea se pude realizar en función de la tensión de red $\boldsymbol{u}_{g_{dq}}$ y de la corriente de salida del convertidor $\boldsymbol{i}_{dq}$, resultando:

$$p = u_{g_d} i_d + u_{g_q} i_q$$

$$q = -u_{g_d} i_q + u_{g_q} i_d \qquad (3.35)$$

sumiendo que la tensión de la red $\boldsymbol{u}_{g_{dq}}$ se mantiene constante, se puede controlar el nivel de intercambio de $p$ y $q$ entre el convertidor y la red manipulando la corriente $\boldsymbol{i}_{dq}$. Si se conocen los valores de $p$ y $q$ que se desean inyectar ($p^*$ y $q^*$), el cálculo de la corriente de referencia (en ejes $d$ y $q$), se obtiene despejando su valor de la ecuación (3.35):

$$\begin{bmatrix} i_d^* \\ i_q^* \end{bmatrix} = \begin{bmatrix} \dfrac{u_{g_d}}{u_{g_d}^2 + u_{g_q}^2} & \dfrac{u_{g_q}}{u_{g_d}^2 + u_{g_q}^2} \\ \dfrac{u_{g_q}}{u_{g_d}^2 + u_{g_q}^2} & -\dfrac{u_{g_d}}{u_{g_d}^2 + u_{g_q}^2} \end{bmatrix} \begin{bmatrix} p^* \\ q^* \end{bmatrix} \qquad (3.36)$$

En la Figura 3.9 se observa el esquema de un VSC con control de corriente, al que se ha añadido las referencias de corriente, en función de $p^*$ y $q^*$ que se desean inyectar.

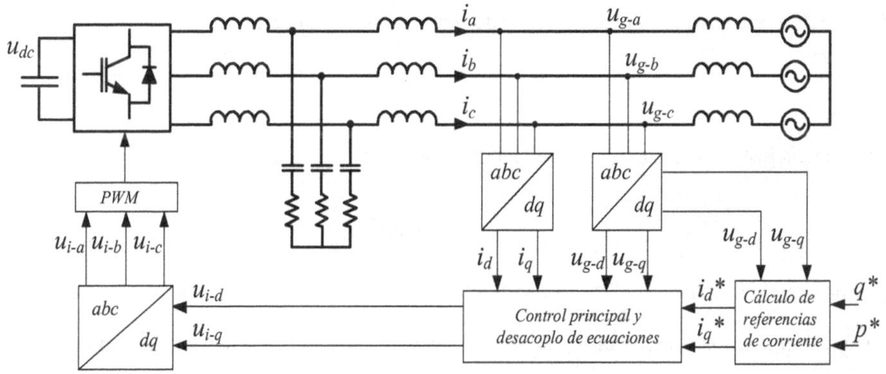


**Figura 3.9** Esquema de un VSC con control de potencia activa y reactiva.

## 3.6. Control de tensión continua

La etapa de tensión continua proporciona al convertidor de potencia el nivel de tensión necesario para su correcto funcionamiento. En la Figura 3.10 se observa el esquema de flujo de potencias de un convertidor conectado a red. Si se considera que el lazo de corriente es rápido, la potencia instantánea inyectada se puede suponer igual a $p^*$. Las pérdidas del sistema se han denominado $p_{loss}$.

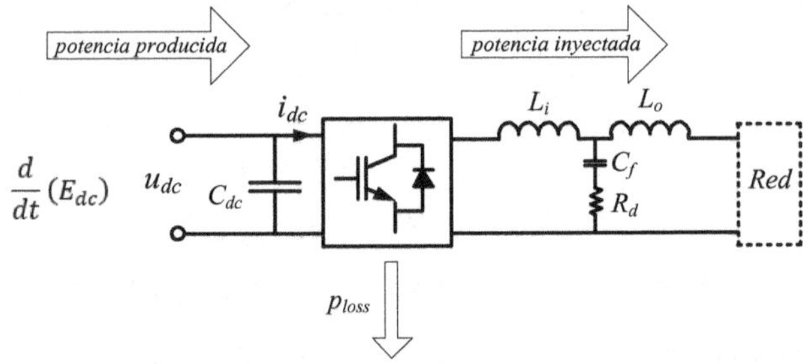


**Figura 3.10** Esquemas de flujo de potencias en un VSC conectado a red.

La energía almacenada en el condensador de continua está dada por:

$$E_{dc} = \frac{1}{2} C_{dc} u_{dc}^2. \tag{3.37}$$

La potencia instantánea que entra en el condensador es la derivada de (3.37), por tanto:

$$\frac{dE_{dc}}{dt} = -p^* - p_{loss} \tag{3.38}$$

Reemplazando (3.37) en (3.38) y considerando la capacidad del condensador $C_{dc}$ constante, se puede escribir una ecuación diferencial lineal usando el cuadrado de la tensión del condensador como variable a controlar, es decir:

$$\frac{1}{2} C_{dc} \frac{du_{dc}^2}{dt} = -p^* - p_{loss} \tag{3.39}$$

El problema de control propuesto en (3.39) consiste en mantener constante el cuadrado de la tensión de continua manipulando la potencia activa que inyecta el convertidor a la red. Las pérdidas del sistema ($p_{loss}$) pueden considerarse como una perturbación, aunque parte podrían modelarse y usarse como pre alimentación. Este TFM no se consideran las pérdidas.

La función de transferencia, en el dominio de Laplace, que relaciona $u_{dc}^2$ con $p^*$ viene dada por:

$$\frac{U_{dc}^2(s)}{P^*(s)} = -\frac{2}{C_{dc}s} \tag{3.40}$$

Con la expresión (3.40) es posible calcular las constantes $K_p$ y $T_i$ de forma análoga al caso del control principal de corriente, resultando [15]:

$$K_p = -\zeta\omega_{n\_dc}C_{dc} \tag{3.41}$$

$$T_i = -\frac{2K_p}{\omega_{n\_dc}^2 C_{dc}} \tag{3.42}$$

El tiempo de establecimiento típico para el sistema de control de corriente es del orden de 5 $ms$. Para el control de tensión continua, se suele utilizar un tiempo de establecimiento de 5 a 10 veces más ($50 - 100\ ms$), para asegurar que los anchos de banda de los controles están bien separados.

De la expresión (3.39) se deduce que la referencia de tensión continua es ${u_{dc}^2}^*$. Este control genera la referencia de potencia activa $p^*$. La referencia de potencia reactiva $q^*$ es libre. En la Figura 3.11 se observa el esquema de un VSC con control de tensión continua.

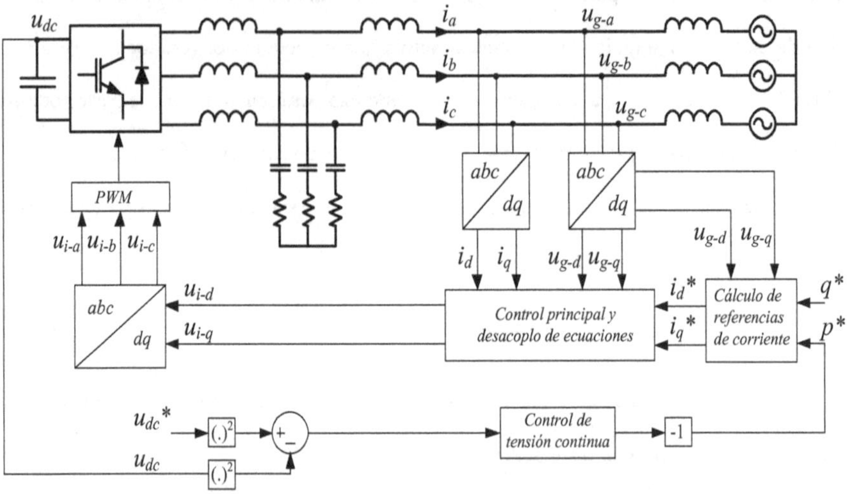


**Figura 3.11** Esquema de un VSC con control de tensión continua.

## 3.7. Sincronización con la red eléctrica

Para que un convertidor intercambie potencia con la red debe estar sincronizado con ésta. En este TFM para implementar el control de corriente se usa un sistema de referencia síncrono con la componente en el eje *d* de la tensión de la red. Esto significa, que dado el vector de tensión de red $\boldsymbol{u}_{g_{dq}}$ se calcula el ángulo de la Transformada de Park para que $u_{g_q}$ sea cero (siempre y cuando no haya componente de secuencia negativa o armónicos). El método para estimar el ángulo recibe el nombre de PLL (del inglés, *Phase-Locked Loop*).

El objetivo de utilizar un sistema síncrono como el descrito se debe a que reduce la complejidad de las expresiones, por ejemplo, la expresión (3.35) se reduce a:

$$p = u_{g_d} i_d$$
$$q = -u_{g_d} i_q \qquad (3.43)$$

En este TFM para la sincronización con la red eléctrica se utiliza una estructura conocida en la literatura como DSOGI-PLL, y que se ha representado en la Figura 3.12 [22], [23], [24]:

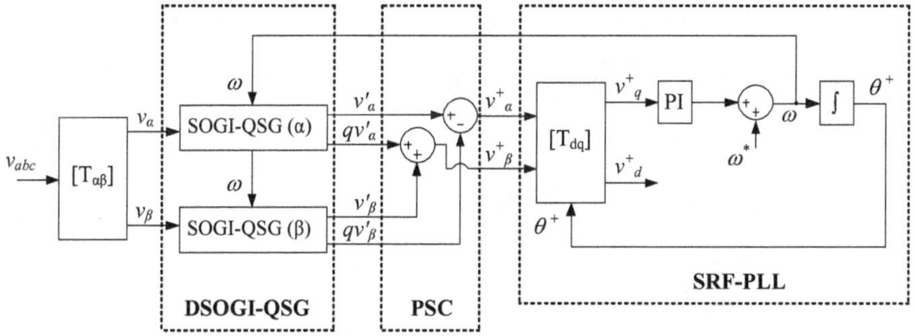


**Figura 3.12** Esquema de estructura de sincronización DSOGI-PLL.

La notación utilizada en la Figura 3.12 es:

$v_{abc}$: tensines trifásicas de la red.

$v_\alpha, v_\beta$: componentes de tensión de red en sistema de referencia $\alpha\beta$.

$v'_\alpha, qv'_\alpha$: componentes en cuadratura.

$v'_\beta, qv'_\beta$: componentes en cuadratura.

$v^+_\alpha, v^+_\beta$: componentes de secuencia positiva de $v_\alpha$ y $v_\beta$, respectivamente.

$v^+_d, v^+_q$: componentes de secuencia positiva de $v_d$ y $v_q$, respectivamente.

$[T_{\alpha\beta}]$: Transformada de Clarke.

$[T_{dq}]$: Transformada de Park.

$\omega^*$: frecuencia de referencia igual a $2\pi * 50\,rad/s$ en este TFM.

$\omega, \theta^+$: frecuencia y fase de salida del PLL.

$PI$: control proporcional – integral.

$SOGI$: Integrador Generalizado de Segundo Orden (SOGI, por sus siglas en inglés).

$QSG$: Generador de Señal de Cuadratura (QSG, por sus siglas en inglés).

$PSC$: Cálculo de Secuencia Positiva (PSC, por sus siglas en inglés).

$SRF$: Sistema de Referencia Síncrono (SRF, por sus siglas en inglés).

$PLL$: Lazo de Bloqueo de Fase (PLL, por sus siglas en inglés).

# CAPITULO 4. Estrategias de operación bajo condiciones de red desequilibrada

En este capítulo se estudian cinco estrategias de operación para generar la corriente de referencia en un convertidor de potencia bajo condiciones de falta. La sección 4.1 muestra la estructura general de control aplicando una estrategia en particular (FPNSC). La sección 4.2 hace un breve resumen de la teoría de potencia instantánea. De la sección 4.3 hasta la sección 4.7 se estudian las diferentes estrategias de operación, que son: IARC, PNSC, AARC, BPSC y FPNSC. En la sección 4.8 implementa el concepto de limitación de corriente para la estrategia FPNSC con la finalidad de no sobrecargar la capacidad nominal del convertidor en ninguna de sus fases.

Este capítulo es un resumen de la sección 10.4 y 10.5 de [25] donde se ha modificado la nomenclatura a la utilizada en este TFM.

Como aporte de este TFM se tiene: 1) Las referencias de corriente para cada estrategia han sido transformadas al sistema de referencia *dq* para su simulación en Simulink, y 2) En la sección 4.8.3 se ha desarrollado el diagrama de bloques para la implementación en Simulink del algoritmo de referencia de potencia reactiva máxima para cierta referencia de potencia activa considerando la limitación de corriente del convertidor de potencia.

## 4.1. Organización del control

En la Figura 4.1 se observa el esquema de control de un convertidor de potencia conectado a la red mediante un filtro *LCL* que utiliza la estrategia FPNSC. Para esta estrategia en particular, las referencias de potencia activa y reactiva son generadas de manera que no se excedan los límites de corriente del convertidor en ninguna de sus fases. La Figura 4.1 utiliza una estrategia en particular (FPNSC), pero se podría implementar cualquier otra estrategia vista dentro de este capítulo. Es importante resaltar que las estrategias de operación que se estudiarán quedarán habilitadas solo bajo condiciones de falta o los denominados huecos de tensión. En algunos casos y dependiendo del código de red que regule la operación de plantas de energías renovables, el control de tensión continua (control de potencia activa) mostrado en la Figura 4.1 podría no estar disponible en condiciones de huecos de tensión.

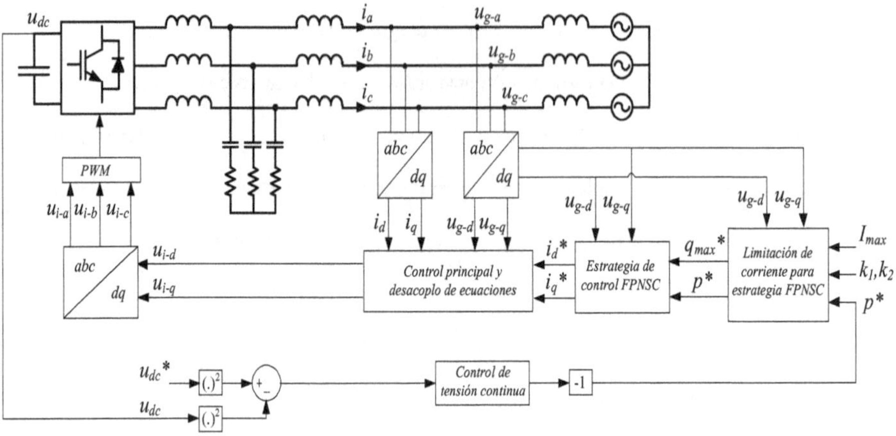


**Figura 4.1** Esquema de control utilizando la estrategia FPNSC con limitación de corriente. $q^*_{max}$ se genera considerando la $I_{max}$ del convertidor, los parámetros de control $k_1$ y $k_2$, la potencia activa de referencia $p^*$ y tensión de red en condiciones desequilibradas.

## 4.2. Potencia instantánea

Según la teoría de la potencia instantánea [26], la potencia activa instantánea, $p$, inyectada a la red por un convertidor se puede calcular como:

$$p = \boldsymbol{u} \cdot \boldsymbol{i} \qquad (4.1)$$

donde $\boldsymbol{u}$ es la tensión en el punto común de acoplamiento (PCC, por sus siglas en inglés), $\boldsymbol{i}$ es la corriente inyectada en dicho punto y el símbolo $(\cdot)$ es el producto escalar entre dos vectores. Considerando las componentes simétricas de tensión y corriente, (4.1) se puede escribir como:

$$p = (\boldsymbol{u}^{+} \cdot \boldsymbol{i}^{+} + \boldsymbol{u}^{-} \cdot \boldsymbol{i}^{-}) + (\boldsymbol{u}^{+} \cdot \boldsymbol{i}^{-} + \boldsymbol{u}^{-} \cdot \boldsymbol{i}^{+}) = P + \tilde{p} \tag{4.2}$$

donde $P$ y $\tilde{p}$ son el valor promedio y el término oscilatorio de la potencia activa respectivamente.

La potencia reactiva instantánea $q$ inyectada por el convertidor se puede escribir como:

$$q = |\boldsymbol{u} \times \boldsymbol{i}| \tag{4.3}$$

Es decir, la potencia reactiva instantánea se define como el módulo del producto vectorial entre $\boldsymbol{u}$ e $\boldsymbol{i}$. Sin embargo, la potencia reactiva instantánea también puede ser calcular con el producto escalar, de la siguiente manera:

$$q = \boldsymbol{u}_{\perp} \cdot \boldsymbol{i} \tag{4.4}$$

donde $\boldsymbol{u}_{\perp}$ es una versión ortogonal (adelantada 90º) respecto del vector original $\boldsymbol{u}$. El vector ortogonal en el sistema de referencia síncrono ($\boldsymbol{u}_{dq_{\perp}}$) se puede calcular mediante la siguiente transformación:

$$\boldsymbol{u}_{dq_{\perp}} = \begin{bmatrix} 0 & -1 \\ 1 & 0 \end{bmatrix} \boldsymbol{u}_{dq} \tag{4.5}$$

La potencia reactiva instantánea mostrada en (4.4) puede escribirse en términos de las componentes simétricas de $\boldsymbol{u}_{\perp}$ e $\boldsymbol{i}$, resultando:

$$q = (\boldsymbol{u}_{\perp}^{+} \cdot \boldsymbol{i}^{+} + \boldsymbol{u}_{\perp}^{-} \cdot \boldsymbol{i}^{-}) + (\boldsymbol{u}_{\perp}^{+} \cdot \boldsymbol{i}^{-} + \boldsymbol{u}_{\perp}^{-} \cdot \boldsymbol{i}^{+}) = Q + \tilde{q} \tag{4.6}$$

En (4.6) se observa que la potencia reactiva instantánea también se divide en una componente constante $Q$ y en un término oscilatorio $\tilde{q}$.

## 4.3. Control de potencia activa-reactiva instantánea (IARC)

Para esta estrategia [25, p. 258] se usará las siglas IARC, del inglés *Instantaneous Active-Reactive Control.*

Cualquier vector de corriente alineado con $\boldsymbol{u}$ generará potencia activa, mientras que cualquier vector alineado con $\boldsymbol{u}_\perp$ generará potencia reactiva. Estos conceptos se pueden escribir en forma de (4.7) y (4.8) , que constituyen la base de la estrategia IARC, resultando:

$$\boldsymbol{i}_p^* = g\boldsymbol{u} \tag{4.7}$$

$$\boldsymbol{i}_q^* = b\boldsymbol{u}_\perp \tag{4.8}$$

donde $\boldsymbol{i}_p^*$ e $\boldsymbol{i}_q^*$ se pueden considerar como las referencias de corriente activa y reactiva respectivamente, $g$ es la conductancia instantánea y $b$ la subceptancia instantánea, ambos términos reales, que establecen la proporción entre la tensión y la corriente.

El valor de $g$ y $b$ dan lugar a cierto intercambio de potencia con la red, bajo condiciones de tensión determinada por $\boldsymbol{u}$, dados por:

$$\boldsymbol{i}_p^* \cdot \boldsymbol{u} = g\boldsymbol{u} \cdot \boldsymbol{u} = P \Rightarrow g = \frac{P}{|\boldsymbol{u}|^2} \tag{4.9}$$

$$\boldsymbol{i}_q^* \cdot \boldsymbol{u}_\perp = b\boldsymbol{u}_\perp \cdot \boldsymbol{u}_\perp = Q \Rightarrow b = \frac{Q}{|\boldsymbol{u}|^2} \tag{4.10}$$

Teniendo en cuenta que estos valores de $g$ y $b$ son vistos desde la salida del convertidor, las referencias de corriente, dadas por (4.7) y (4.8), para entregar $P$ y $Q$ a la red resultan:

$$\boldsymbol{i}_p^* = \frac{P}{|\boldsymbol{u}|^2}\boldsymbol{u} \tag{4.11}$$

$$\boldsymbol{i}_q^* = \frac{Q}{|\boldsymbol{u}|^2}\boldsymbol{u}_\perp \tag{4.12}$$

Por tanto, la referencia de corriente $\boldsymbol{i}^*$se calcula sumando (4.11) y (4.12), es decir:

$$\boldsymbol{i}^* = \boldsymbol{i}_p^* + \boldsymbol{i}_q^* \tag{4.13}$$

Para la estrategia IARC se pueden hacer las siguientes conclusiones [25, p. 259]:

- Las referencias de corriente (4.11) y (4.12) son el conjunto más eficiente de corrientes que inyectan exactamente $P$ y $Q$ instantáneas a la red bajo condiciones genéricas de tensión.
- La estrategia IARC exhibe el mayor grado de control sobre $P$ y $Q$ instantáneas inyectadas a la red en comparación con otras estrategias que se verán en este capítulo.
- En condiciones equilibradas de red, la referencia de corriente dada por (4.13) será perfectamente sinusoidal, ya que el módulo de la tensión $|\boldsymbol{u}|$, $g$ y $b$ son constantes.
- En condiciones desequilibradas de red, la referencia de corriente dada por (4.13) consistirá en armónicos de alto orden ya que el módulo de la tensión $|\boldsymbol{u}|$ oscilará al doble de la frecuencia fundamental según se observa en (4.14).

$$|\boldsymbol{u}|^2 = |\boldsymbol{u}^+|^2 + |\boldsymbol{u}^-|^2 + 2|\boldsymbol{u}^+||\boldsymbol{u}^-|\cos(2\omega t + \phi^+ - \phi^-) \tag{4.14}$$

- La inyección de armónicos en la red puede dar lugar a problemas adicionales tales como la excitación de resonancias o deterioro adicional de la tensión de red en el PCC del convertidor de potencia.
- Por tanto, aún con las ventajas que exhibe la estrategia IARC no es la más adecuada para generar corrientes de referencia en muchas aplicaciones de convertidores conectados a red.

Como el control del VSC en este TFM está desarrollado en un sistema de referencia síncrono es necesario expresar (4.11) y (4.12) en dicho sistema, resultando:

$$i_d^* = \frac{P}{u_d^2 + u_q^2} u_d - \frac{Q}{u_d^2 + u_q^2} u_q \tag{4.15}$$

$$i_q^* = \frac{P}{u_d^2 + u_q^2} u_q + \frac{Q}{u_d^2 + u_q^2} u_d \tag{4.16}$$

donde $i_d^*$ e $i_q^*$ son las referencias de corriente en el eje $d$ y $q$, mientras que $u_d$ y $u_q$ es la tensión de red, en el PCC, para los ejes $d$ y $q$.

## 4.4. Control de secuencia positiva y negativa (PNSC)

Para esta estrategia [25, p. 260] se usará las siglas PNSC, del inglés *Positive and Negative Sequence Control.*

La estrategia de operación PNSC genera una referencia de corriente que es capaz de anular las oscilaciones de potencia instantáneas inyectadas a la red. La referencia de corriente generada por esta técnica tiene como requisito solo contener componentes de secuencia positivas y negativas a la frecuencia fundamental, es decir:

$$\boldsymbol{i}^* = \boldsymbol{i}^{*+} + \boldsymbol{i}^{*-} \tag{4.17}$$

donde $\boldsymbol{i}^{*+}$ e $\boldsymbol{i}^{*-}$ son dichas componentes positiva y negativa respectivamente.

Para determinar las expresiones de la referencia de corriente generada por la estrategia PNSC se supone inicialmente que solo se entrega potencia activa a la red. Además, se impone como condición que la potencia activa está libre de oscilaciones. Con estas condiciones se puede escribir (4.2) como:

$$\boldsymbol{u}^+ \cdot \boldsymbol{i}_p^{*+} + \boldsymbol{u}^- \cdot \boldsymbol{i}_p^{*-} = P \tag{4.18}$$

$$\boldsymbol{u}^+ \cdot \boldsymbol{i}_p^{*-} + \boldsymbol{u}^- \cdot \boldsymbol{i}_p^{*+} = 0 \tag{4.19}$$

donde $\boldsymbol{i}_p^{*+}$ e $\boldsymbol{i}_p^{*-}$ son las referencias de la componente activa para la secuencia positiva y negativa respectivamente. Resolviendo (4.18) y (4.19), para $\boldsymbol{i}_p^{*+}$ e $\boldsymbol{i}_p^{*-}$, resulta:

$$\boldsymbol{i}_p^{*+} = \frac{P}{|\boldsymbol{u}^+|^2 - |\boldsymbol{u}^-|^2}\boldsymbol{u}^+ \tag{4.20}$$

$$\boldsymbol{i}_p^{*-} = -\frac{P}{|\boldsymbol{u}^+|^2 - |\boldsymbol{u}^-|^2}\boldsymbol{u}^- \tag{4.21}$$

Para establecer las referencias de la componente reactiva se supone que solo se entrega potencia reactiva a la red. Además, se impone como condición que la potencia reactiva está libre de oscilaciones. Con estas condiciones se puede escribir (4.6) como:

$$\boldsymbol{u}_\perp^+ \cdot \boldsymbol{i}_q^{*+} + \boldsymbol{u}_\perp^- \cdot \boldsymbol{i}_q^{*-} = Q \tag{4.22}$$

$$\boldsymbol{u}_\perp^+ \cdot \boldsymbol{i}_q^{*-} + \boldsymbol{u}_\perp^- \cdot \boldsymbol{i}_q^{*+} = 0 \tag{4.23}$$

donde $\boldsymbol{i}_q^{*+}$ e $\boldsymbol{i}_q^{*-}$ son las referencias de la componente reactiva para la secuencia positiva y negativa respectivamente. Resolviendo (4.22) y (4.23), para $\boldsymbol{i}_q^{*+}$ e $\boldsymbol{i}_q^{*-}$, resulta:

$$\boldsymbol{i}_q^{*+} = \frac{Q}{|\boldsymbol{u}^+|^2 - |\boldsymbol{u}^-|^2} \boldsymbol{u}_\perp^+ \tag{4.24}$$

$$\boldsymbol{i}_q^{*-} = -\frac{Q}{|\boldsymbol{u}^+|^2 - |\boldsymbol{u}^-|^2} \boldsymbol{u}_\perp^- \tag{4.25}$$

Finalmente, reemplazando (4.20), (4.21), (4.24) y (4.25) en (4.17) se obtiene la referencia de corriente para la estrategia de control PNSC :

$$\boldsymbol{i}^* = \left(\boldsymbol{i}_p^{*+} + \boldsymbol{i}_q^{*+}\right) + \left(\boldsymbol{i}_p^{*-} + \boldsymbol{i}_q^{*-}\right) \tag{4.26}$$

Con la finalidad de analizar el comportamiento de las potencias instantáneas inyectadas a la red cuando se utiliza la estrategia PNSC se reemplaza (4.26) en (4.2) y (4.6), resultando:

$$p = \underbrace{\boldsymbol{u}^+ . \boldsymbol{i}_p^{*+} + \boldsymbol{u}^- . \boldsymbol{i}_p^{*-}}_{P} + \underbrace{\boldsymbol{u}^+ . \boldsymbol{i}_q^{*+} + \boldsymbol{u}^- . \boldsymbol{i}_q^{*-}}_{0} + \underbrace{\boldsymbol{u}^+ . \boldsymbol{i}_p^{*-} + \boldsymbol{u}^- . \boldsymbol{i}_p^{*+}}_{0} + \underbrace{\boldsymbol{u}^+ . \boldsymbol{i}_q^{*-} + \boldsymbol{u}^- . \boldsymbol{i}_q^{*+}}_{\tilde{p}} \tag{4.27}$$

$$q = \underbrace{\boldsymbol{u}_\perp^+ . \boldsymbol{i}_q^{*+} + \boldsymbol{u}_\perp^- . \boldsymbol{i}_q^{*-}}_{Q} + \underbrace{\boldsymbol{u}_\perp^+ . \boldsymbol{i}_p^{*+} + \boldsymbol{u}_\perp^- . \boldsymbol{i}_p^{*-}}_{0} + \underbrace{\boldsymbol{u}_\perp^+ . \boldsymbol{i}_q^{*-} + \boldsymbol{u}_\perp^- . \boldsymbol{i}_q^{*+}}_{0} + \underbrace{\boldsymbol{u}_\perp^+ . \boldsymbol{i}_p^{*-} + \boldsymbol{u}_\perp^- . \boldsymbol{i}_p^{*+}}_{\tilde{q}} \tag{4.28}$$

En ambas expresiones se han indicado el valor medio de la potencia activa y reactiva, $P$ y $Q$, y sus componentes oscilatorias $\tilde{p}$ y $\tilde{q}$.

Para la estrategia PNSC se pueden hacer las siguientes conclusiones [25, p. 262]:

- Tanto para (4.27) y (4.28) el tercer y cuarto termino son cero ya que el producto punto entre dos componentes de igual secuencia y 90º desplazado es cero.
- Tanto para (4.27) y (4.28) el quinto y sexto termino son cero debido a las condiciones impuestas en (4.19) y (4.23) respectivamente, donde ambos términos oscilantes se condicionan a ser cero cuando se calculan las referencias de corriente activa y reactiva.
- Se observa en (4.27) y (4.28) que la potencia instantánea $p$ y $q$ entregada a la red, aplicando la estrategia PNSC, difieren de las proporcionadas como referencia, $P$ y $Q$, por los términos de potencia oscilatoria $\tilde{p}$ y $\tilde{q}$ respectivamente. Esto se debe a la interacción entre componentes en cuadratura y de diferente secuencia. Sin embargo, cuando una de las referencias de potencia es nula el comportamiento de la potencia instantánea varía según los siguientes dos casos:
    1. $Q = 0$, es decir $\boldsymbol{i}_q^{*+} = \boldsymbol{i}_q^{*-} = 0$. En este caso, solo se inyecta potencia activa y se observa en (4.27) que se cancelan las oscilaciones de potencia activa. Sin embargo, existe una oscilación $\tilde{q}$ sobre $Q = 0$.
    2. $P = 0$, es decir $\boldsymbol{i}_p^{*+} = \boldsymbol{i}_p^{*-} = 0$. En este caso, solo se inyecta potencia reactiva y se observa en (4.28) que se cancelan las oscilaciones de potencia reactiva. Sin embargo, existe una oscilación $\tilde{p}$ sobre $P = 0$.

Como el control del VSC en este TFM está desarrollado en un sistema de referencia síncrono es necesario expresar (4.20), (4.21), (4.24) y (4.25) en dicho sistema, resultando:

$$i_d^* = \frac{P}{[u_d^{+2} + u_q^{+2}] - [u_d^{-2} + u_q^{-2}]}(u_d^+ - u_d^-) + \frac{Q}{[u_d^{+2} + u_q^{+2}] - [u_d^{-2} + u_q^{-2}]}(-u_q^+ + u_q^-) \quad (4.29)$$

$$i_q^* = \frac{P}{[u_d^{+2} + u_q^{+2}] - [u_d^{-2} + u_q^{-2}]}(u_q^+ - u_q^-) + \frac{Q}{[u_d^{+2} + u_q^{+2}] - [u_d^{-2} + u_q^{-2}]}(u_d^+ - u_d^-) \quad (4.30)$$

donde $i_d^*$ e $i_q^*$ son las referencias de corriente en el eje $d$ y $q$, mientras que $u_d^+$, $u_q^+$, $u_d^-$, $u_q^-$ son las componentes de secuencia de $u_d$ y $u_q$; $\boldsymbol{u}_{dq}$ es la tensión de red en el PCC.

## 4.5. Control de potencia activa-reactiva promedio (AARC)

Para esta estrategia [25, p. 262] se usará las siglas AARC, del inglés *Average Active_Reactive Control*.

Durante condiciones desequilibradas de red, la referencia de corriente obtenida mediante la estrategia IARC presenta armónicos en su forma de onda porque $g$ y $d$ no permanecen constante durante todo un período T. Dado que $P$ y $Q$ se suponen constantes, durante T, los armónicos provienen de la oscilación de $|u|^2$ como se observa en (4.9) y (4.10). Por tanto, si se anulan las oscilaciones de $|u|^2$ en el cálculo de $g$ y $d$ también se cancelarán los armónicos en la referencia de corriente. Para lograr este objetivo, la estrategia AARC calcula el valor promedio, durante un período T, de la conductancia y susbceptancia instantáneas. Teniendo en cuenta esta estrategia las referencias dadas por (4.7) y (4.8) quedan como:

$$\boldsymbol{i}_p^* = G\boldsymbol{u}\,; \qquad G = \frac{P}{U_\Sigma^2} \tag{4.31}$$

$$\boldsymbol{i}_q^* = B\boldsymbol{u}_\perp\,; \qquad B = \frac{Q}{U_\Sigma^2} \tag{4.32}$$

donde $G$ y $B$ son valores promedios de conductancia y susceptancia respectivamente, mientras que $U_\Sigma$ es el valor rms promedio de la tensión de red, que se define como:

$$U_\Sigma = \sqrt{\frac{1}{T}\int_0^T |\boldsymbol{u}|^2 dt} = \sqrt{|\boldsymbol{u}^+|^2 + |\boldsymbol{u}^-|^2} \tag{4.33}$$

Reemplazando (4.33) en (4.31) y (4.32) la referencia de corriente activa y reactiva, $i_p^*$ e $i_q^*$, resultan:

$$\boldsymbol{i}_p^* = \frac{P}{|\boldsymbol{u}^+|^2 + |\boldsymbol{u}^-|^2}\boldsymbol{u} \tag{4.34}$$

$$\boldsymbol{i}_q^* = \frac{Q}{|\boldsymbol{u}^+|^2 + |\boldsymbol{u}^-|^2}\boldsymbol{u}_\perp \tag{4.35}$$

Considerando la inyección de potencia activa y teniendo en cuenta que $\boldsymbol{i}_p^*$ y $\boldsymbol{u}$ tienen la misma dirección, no habrá ninguna componente de potencia reactiva. Entonces, la potencia activa instantánea *p,* inyectada a la red, es:

$$p = \boldsymbol{i}_p^* \cdot \boldsymbol{u} = \frac{P}{|\boldsymbol{u}^+|^2 + |\boldsymbol{u}^-|^2}|\boldsymbol{u}|^2 \tag{4.36}$$

Teniendo en cuenta la expresión (4.14) para $|\boldsymbol{u}|^2$ y reemplazando en (4.36), *p* resulta:

$$p = P\left[1 + \frac{2|\boldsymbol{u}^+||\boldsymbol{u}^-|}{|\boldsymbol{u}^+|^2 + |\boldsymbol{u}^-|^2}\cos\left(2\omega t + \phi^+ - \phi^-\right)\right] \tag{4.37}$$

donde $\phi^+$ y $\phi^-$ son los ángulos de fase de las componentes simétricas de tensión $u^+$ y $u^-$.

Como la referencia de corriente reactiva $\boldsymbol{i}_q^*$ tiene la misma dirección que $\boldsymbol{u}_\perp$ se puede seguir un proceso análogo para calcular la potencia reactiva instantánea inyectada a la red, resultando:

$$q = Q\left[1 + \frac{2|\boldsymbol{u}^+||\boldsymbol{u}^-|}{|\boldsymbol{u}^+|^2 + |\boldsymbol{u}^-|^2}\cos\left(2\omega t + \phi^+ - \phi^-\right)\right] \tag{4.38}$$

Para la estrategia AARC se pueden hacer las siguientes conclusiones [25, p. 263]:

- En (4.37) se observa que la potencia activa instantánea inyectada a la red, utilizando la estrategia AARC, tiene un término de valor promedio *P* y un término oscilante $\tilde{p}$ al doble de la frecuencia fundamental. Similar conclusión resulta para *q*.
- Si solo se inyecta potencia activa, es decir, $Q = 0$, no habrá oscilación de potencia reactiva.
- Si solo se inyecta potencia reactiva, es decir, $P = 0$, no habrá oscilaciones de potencia activa.

Como el control del VSC en este TFM está desarrollado en un sistema de referencia síncrono es necesario expresar (4.34) y (4.35) en dicho sistema, resultando:

$$i_d^* = \frac{P}{[u_d^{+2} + u_q^{+2}] + [u_d^{-2} + u_q^{-2}]} u_d - \frac{Q}{[u_d^{+2} + u_q^{+2}] + [u_d^{-2} + u_q^{-2}]} u_q \tag{4.39}$$

$$i_q^* = \frac{P}{[u_d^{+2} + u_q^{+2}] + [u_d^{-2} + u_q^{-2}]} u_q + \frac{Q}{[u_d^{+2} + u_q^{+2}] + [u_d^{-2} + u_q^{-2}]} u_d \tag{4.40}$$

donde $i_d^*$ e $i_q^*$ son las referencias de corriente en el eje $d$ y $q$, $u_d$ y $u_q$ es la tensión de red, en el PCC, para los ejes $d$ y $q$, mientras que $u_d^+$, $u_q^+$, $u_d^-$, $u_q^-$ son las componentes de secuencia de $u_d$ y $u_q$.

## 4.6. Control equilibrado de secuencia positiva (BPSC)

Para esta estrategia [25, p. 263] se usará las siglas BPSC, del inglés *Balanced Positive-Sequence Control*.

Es posible encontrar otras formas para calcular la conductancia y susceptancia utilizadas en el cálculo de las referencias de corriente y así lograr otro objetivo. En el caso de la estrategia BPSC el objetivo es inyectar un conjunto equilibrado de corrientes perfectamente sinusoidales que contengan solo componente de secuencia positiva.

La estrategia BPSC calcula las referencias de corriente activa y reactiva, $i_p^*$ e $i_q^*$, como:

$$\boldsymbol{i}_p^* = G^+ \boldsymbol{u}^+; \qquad G^+ = \frac{P}{|\boldsymbol{u}^+|^2} \tag{4.41}$$

$$\boldsymbol{i}_q^* = B^+ \boldsymbol{u}_\perp^+; \qquad B^+ = \frac{Q}{|\boldsymbol{u}^+|^2} \tag{4.42}$$

donde $G^+$ y $B^+$ son la conductancia y subseptancia calculadas considerando solo la componente de secuencia positiva de la tensión de red.

Cuando se inyecta corriente utilizando la estrategia BPSC, en condiciones desequilibradas de red, la potencia instantánea activa y reactiva dadas por (4.2) y (4.6) resultan:

$$p = \underbrace{\boldsymbol{u}^{+} \cdot \boldsymbol{i}_p^{*}}_{P} + \underbrace{\boldsymbol{u}^{+} \cdot \boldsymbol{i}_q^{*}}_{0} + \underbrace{\boldsymbol{u}^{-} \cdot \boldsymbol{i}_p^{*} + \boldsymbol{u}^{-} \cdot \boldsymbol{i}_q^{*}}_{\tilde{p}} \tag{4.43}$$

$$q = \underbrace{\boldsymbol{u}_{\perp}^{+} \cdot \boldsymbol{i}_q^{*}}_{Q} + \underbrace{\boldsymbol{u}_{\perp}^{+} \cdot \boldsymbol{i}_p^{*}}_{0} + \underbrace{\boldsymbol{u}_{\perp}^{-} \cdot \boldsymbol{i}_p^{*} + \boldsymbol{u}_{\perp}^{-} \cdot \boldsymbol{i}_q^{*}}_{\tilde{q}} \tag{4.44}$$

Para la estrategia BPSC se pueden hacer las siguientes conclusiones [25, p. 264]:

- El segundo termino de (4.43) y (4.44) es igual a cero, por tratarse del producto punto de dos componentes en cuadratura.
- En condiciones desequilibradas de red $p$ difiere de $P$ (y $q$ difiere de $Q$) por la interacción entre la corriente inyectada de secuencia positiva y la componente de secuencia negativa de la tensión de red.
- Al inyectar corriente a la red, utilizando la estrategia BPSC, las potencias instantáneas $p$ y $q$ siempre presentarán oscilaciones como se observa en (4.43) y (4.44). Dichas oscilaciones son al doble de la frecuencia fundamental.
- El valor nulo de $P$ o $Q$ no logra cancelar ninguna oscilación de potencia, lo cual es una diferencia con las estrategias anteriores.
- Este método es el único que permite obtener corrientes sinusoidales y equilibradas.
- Esta estrategia resulta útil, cuando la calidad de las corrientes inyectadas a la red es una cuestión preferencial.
- La corriente de referencia generada por la estrategia BPSC se puede inyectar utilizando controladores síncronos simples.

Como el control del VSC en este TFM está desarrollado en un sistema de referencia síncrono es necesario expresar (4.43) y (4.44) en dicho sistema, resultando:

$$i_d^* = \frac{P}{u_d^{+2} + u_q^{+2}} u_d^+ - \frac{Q}{u_d^{+2} + u_q^{+2}} u_q^+ \quad (4.45)$$

$$i_q^* = \frac{P}{u_d^{+2} + u_q^{+2}} u_q^+ + \frac{Q}{u_d^{+2} + u_q^{+2}} u_d^+ \quad (4.46)$$

donde $i_d^*$ e $i_q^*$ son las referencias de corriente en el eje *d* y *q*, mientras que $u_d^+$ y $u_q^+$ son las componentes de secuencia positiva de la tensión de red, en el PCC, para los ejes *d* y *q*.

## 4.7. Control flexible de secuencia positiva y negativa (FPNSC)

Para esta estrategia [25, p. 267] se usará las siglas FPNSC, del inglés *Flexible Positive-and Negative-Sequence Control.*

Al ampliar el principio utilizado en la estrategia BPSC, la conductancia instantánea *g* se puede dividir en un valor de conductancia de secuencia positiva y un valor de conductancia de secuencia negativa, $G^+$ y $G^-$. La referencia de corriente activa quedaría como:

$$\boldsymbol{i}_p^* = G^+\boldsymbol{u}^+ + G^-\boldsymbol{u}^- \quad (4.47)$$

Se observa en (4.47) que $\boldsymbol{i}_p^*$ tiene componentes de secuencia positiva y negativa. Si se tuviera que inyectar solo corrientes de secuencia positiva o negativa $G^+$ y $G^-$ serian calculados respectivamente como:

$$G^+ = \frac{P}{|\boldsymbol{u}^+|^2}\,; \qquad G^- = \frac{P}{|\boldsymbol{u}^-|^2} \quad (4.48)$$

Sin embargo, si la corriente inyectada a la red para suministrar *P* tuviera que estar compuesta por ambas componentes de secuencia simultáneamente, sería necesario regular la relación entre ambas para mantener constante la potencia activa *P* inyectada a la red. En consecuencia, se introduce un parámetro escalar $k_1$ que regula la contribución de cada componente de secuencia en la referencia de corriente activa (4.47), resultando:

$$i_p^* = k_1 \frac{P}{|\boldsymbol{u}^+|^2} \boldsymbol{u}^+ + (1 - k_1) \frac{P}{|\boldsymbol{u}^-|^2} \boldsymbol{u}^- \tag{4.49}$$

Mediante la regulación de $k_1$ dentro del rango de $[0, 1]$, se regula la proporción de aporte entre las componentes simétricas de la referencia activa que participan en la entrega de una potencia activa dada, *P*, a la red.

De manera similar se puede calcular la referencia de corriente reactiva, obteniéndose:

$$i_q^* = k_2 \frac{Q}{|\boldsymbol{u}^+|^2} \boldsymbol{u}_\perp^+ + (1 - k_2) \frac{Q}{|\boldsymbol{u}^-|^2} \boldsymbol{u}_\perp^- \tag{4.50}$$

donde $k_2$ es otro parámetro escalar, que regula la proporción de aporte entre las componentes simétricas de la referencia de corriente reactiva y garantiza la inyección a la red de una potencia reactiva dada, *Q*.

Finalmente, la referencia de corriente dada por la estrategia FPNSC está dada por:

$$i^* = P\left(\frac{k_1}{|\boldsymbol{u}^+|^2} \boldsymbol{u}^+ + \frac{(1 - k_1)}{|\boldsymbol{u}^-|^2} \boldsymbol{u}^-\right) + Q\left(\frac{k_2}{|\boldsymbol{u}^+|^2} \boldsymbol{u}_\perp^+ + \frac{(1 - k_2)}{|\boldsymbol{u}^-|^2} \boldsymbol{u}_\perp^-\right) \tag{4.51}$$

Con la variación de $k_1$ y $k_2$ en (4.51) se puede modificar fácilmente la relación entre las componentes de secuencia positiva y negativa de la corriente activa y reactiva.

El comportamiento de la potencia activa instantánea entregada a la red cuando se utiliza la estrategia FPNSC, queda dada por:

$$p = P + \tilde{p} \tag{4.52}$$

donde la potencia activa promedio *P* y la potencia activa oscilante $\tilde{p}$, vienen dadas por:

$$P = \frac{Pk_1}{|\boldsymbol{u}^+|^2} \boldsymbol{u}^+ \cdot \boldsymbol{u}^+ + \frac{P(1 - k_1)}{|\boldsymbol{u}^-|^2} \boldsymbol{u}^- \cdot \boldsymbol{u}^- \tag{4.53}$$

$$\tilde{p} = \left(\frac{Pk_1}{|\boldsymbol{u}^+|^2} + \frac{P(1 - k_1)}{|\boldsymbol{u}^-|^2}\right) \boldsymbol{u}^+ \cdot \boldsymbol{u}^- + \left(\frac{Qk_2}{|\boldsymbol{u}^+|^2} - \frac{Q(1 - k_2)}{|\boldsymbol{u}^-|^2}\right) \boldsymbol{u}_\perp^+ \cdot \boldsymbol{u}^- \tag{4.54}$$

Por otro lado, la potencia reactiva instantánea entrega a la red, es:

$$q = Q + \tilde{q} \tag{4.55}$$

donde $Q$ es la potencia reactiva promedio y $\tilde{q}$ la potencia reactiva oscilante, dadas por:

$$Q = \frac{Qk_2}{|\boldsymbol{u}^+|^2}\boldsymbol{u}_\perp^+ \cdot \boldsymbol{u}_\perp^+ + \frac{Q(1-k_2)}{|\boldsymbol{u}^-|^2}\boldsymbol{u}_\perp^- \cdot \boldsymbol{u}_\perp^- \tag{4.56}$$

$$\tilde{q} = \left(\frac{Qk_2}{|\boldsymbol{u}^+|^2} + \frac{Q(1-k_2)}{|\boldsymbol{u}^-|^2}\right)\boldsymbol{u}_\perp^+ \cdot \boldsymbol{u}_\perp^- + \left(\frac{Pk_1}{|\boldsymbol{u}^+|^2} - \frac{P(1-k_1)}{|\boldsymbol{u}^-|^2}\right)\boldsymbol{u}^+ \cdot \boldsymbol{u}_\perp^- \tag{4.57}$$

Para la estrategia FPNSC se pueden hacer las siguientes conclusiones [25, pp. 268-269]:

- La estrategia FPNSC proporciona un método más flexible para ajustar la relación entre las componentes simétricas de las referencias de corriente activa y reactiva.
- Haciendo $k_1 = 1$ y $k_2 = 1$, se obtiene el mismo comportamiento que la estrategia BPSC, mientras que si $k_1 = 0$ y $k_2 = 0$, se inyectarán solo corrientes de secuencia negativa, perfectamente equilibradas, para suministrar $P$ y $Q$ de referencia.
- Si la referencia de $P$ no es nula, la única forma de cancelar el primer termino de oscilación de $\tilde{p}$ en (4.54) es hacer de $k_1 \geq 1$, como se demuestra:

$$\frac{Pk_1}{|\boldsymbol{u}^+|^2} + \frac{P(1-k_1)}{|\boldsymbol{u}^-|^2} = 0 \Rightarrow k_1 = \frac{|\boldsymbol{u}^+|^2}{|\boldsymbol{u}^+|^2 - |\boldsymbol{u}^-|^2} \geq 1 \tag{4.58}$$

  Sin embargo, para cualquier referencia de $Q$ la cancelación del segundo término de $\tilde{p}$ en (4.54) es factible estableciendo un valor de $k_2$ dentro del intervalo $[0, 1]$, como se demuestra:

$$\frac{Qk_2}{|\boldsymbol{u}^+|^2} - \frac{Q(1-k_2)}{|\boldsymbol{u}^-|^2} = 0 \Rightarrow k_2 = \frac{|\boldsymbol{u}^+|^2}{|\boldsymbol{u}^+|^2 + |\boldsymbol{u}^-|^2} \leq 1 \tag{4.59}$$

- En el caso anterior, la componente de corriente activa de secuencia negativa inyectada absorbería potencia de la red, mientras que la otra componente de secuencia suministraría tanta potencia activa como sea necesario para equilibrar el sistema y hacer que la potencia activa neta intercambiada sea igual a $P$.

- Si la referencia de $Q$ no es nula, la única forma de cancelar el primer termino de oscilación de $\tilde{q}$ en (4.57) es hacer $k_2 \geq 1$, como se demuestra:

$$\frac{Qk_2}{|\boldsymbol{u}^+|^2} + \frac{Q(1-k_2)}{|\boldsymbol{u}^-|^2} = 0 \Rightarrow k_2 = \frac{|\boldsymbol{u}^+|^2}{|\boldsymbol{u}^+|^2 - |\boldsymbol{u}^-|^2} \geq 1 \tag{4.60}$$

Sin embargo, para cualquier referencia de $P$ la cancelación del segundo término de $\tilde{q}$ en (4.57) es factible estableciendo un valor de $k_1$ dentro del intervalo $[0, 1]$, como se demuestra:

$$\frac{Pk_1}{|\boldsymbol{u}^+|^2} - \frac{P(1-k_1)}{|\boldsymbol{u}^-|^2} = 0 \Rightarrow k_1 = \frac{|\boldsymbol{u}^+|^2}{|\boldsymbol{u}^+|^2 + |\boldsymbol{u}^-|^2} \leq 1 \tag{4.61}$$

- En el caso anterior, la componente de corriente reactiva de secuencia negativa inyectada absorbería potencia de la red, mientras que la otra componente de secuencia suministraría tanta potencia reactiva como sea necesario para equilibrar el sistema y hacer que la potencia reactiva neta intercambiada sea igual a $Q$.
- Las características descritas anteriormente resultan interesantes, aunque no todas las oscilaciones de potencia podrían ser canceladas debido a alguna restricción especifica en el rango de valores de $k_1$ y $k_2$.

Como el control del VSC en este TFM está desarrollado en un sistema de referencia síncrono es necesario expresar (4.51) en dicho sistema, resultando:

$$i_d^* = P\left(\frac{k_1 \cdot u_d^+}{u_d^{+2} + u_q^{+2}} + \frac{(1-k_1)\cdot u_d^-}{u_d^{-2} + u_q^{-2}}\right) - Q\left(\frac{k_2 \cdot u_q^+}{u_d^{+2} + u_q^{+2}} + \frac{(1-k_2)\cdot u_q^-}{u_d^{-2} + u_q^{-2}}\right) \tag{4.62}$$

$$i_q^* = P\left(\frac{k_1 \cdot u_q^+}{u_d^{+2} + u_q^{+2}} + \frac{(1-k_1)\cdot u_q^-}{u_d^{-2} + u_q^{-2}}\right) + Q\left(\frac{k_2 \cdot u_d^+}{u_d^{+2} + u_q^{+2}} + \frac{(1-k_2)\cdot u_d^-}{u_d^{-2} + u_q^{-2}}\right) \tag{4.63}$$

donde $i_d^*$ e $i_q^*$ son las referencias de corriente en el eje $d$ y $q$, mientras que $u_d^+$, $u_d^-$, $u_q^+$ y $u_q^-$ son las componentes de secuencia de la tensión de red, en el PCC, para los ejes $d$ y $q$.

## 4.8. Control flexible de secuencia positiva y negativa (FPNSC) con limitación de corriente

La relación entre las potencias suministradas, $p$ y $q$, y sus corrientes asociadas depende fuertemente de la estrategia de operación seleccionada. Por tanto, no existe una expresión estándar para limitar la corriente para todas las estrategias de control vistas en este TFM.

Varias de las estrategias de operación analizadas generan que el convertidor de potencia inyecte corrientes desequilibradas. En estos casos, el valor pico instantáneo de las corrientes podría ser diferente para cada fase. En tales condiciones, es necesario un control preciso de la corriente que se extrae del convertidor de potencia para evitar un disparo por sobrecarga en alguna de sus fases. El control de corriente se lleva a cabo mediante el cálculo de referencias de potencias, activa y reactiva, que consideran la corriente nominal del convertidor.

En adelante, se mostrará una expresión para la estrategia de operación FPNSC [25, pp. 270-279] que permite calcular la corriente máxima instantánea que surgirá en cada fase del convertidor. Luego, con el uso de esa expresión se determinará las máximas potencias activa y reactiva que se pueden inyectar a la red, sin alcanzar la máxima corriente admisible en cualquiera de las fases.

### 4.8.1. Estimación de corriente máxima por fase

La corriente máxima (o pico) instantánea, $I_{max}$, que surgirá en cada fase del convertidor cuando se utiliza la estrategia FPNSC viene dada por:

$$I_{max}^2 = P^2\left[\frac{k_1^2\cdot|\boldsymbol{u}^-|^2 + (1-k_1)^2\cdot|\boldsymbol{u}^+|^2 + 2k_1(1-k_1)\cos 2\gamma\cdot|\boldsymbol{u}^+|\cdot|\boldsymbol{u}^-|}{|\boldsymbol{u}^+|^2\cdot|\boldsymbol{u}^-|^2}\right]$$

$$+Q^2\left[\frac{k_2^2\cdot|\boldsymbol{u}^-|^2 + (1-k_2)^2\cdot|\boldsymbol{u}^+|^2 - 2k_2(1-k_2)\cos 2\gamma\cdot|\boldsymbol{u}^+|\cdot|\boldsymbol{u}^-|}{|\boldsymbol{u}^+|^2\cdot|\boldsymbol{u}^-|^2}\right] \qquad (4.64)$$

$$-PQ\left[\frac{(2k_1+2k_2-4k_1k_2)\cdot|\boldsymbol{u}^+|\cdot|\boldsymbol{u}^-|\cdot\sin 2\gamma}{|\boldsymbol{u}^+|^2\cdot|\boldsymbol{u}^-|^2}\right]$$

La corriente máxima dada por (4.64) puede tomar tres valores diferentes, uno para cada fase, según el ángulo $\gamma$:

$$fase\ A \qquad \gamma = \frac{|\phi^+| - |\phi^-|}{2} + 0 \qquad (4.65)$$

$$fase\ B \qquad \gamma = \frac{|\phi^+| - |\phi^-|}{2} + \frac{\pi}{3} \qquad (4.66)$$

$$fase\ C \qquad \gamma = \frac{|\phi^+| - |\phi^-|}{2} - \frac{\pi}{3} \qquad (4.67)$$

donde $\phi^+$ y $\phi^-$ son los ángulos de fase de las componentes de secuencia positiva y secuencia negativa de la tensión de red.

La expresión (4.64) permite calcular la corriente máxima instantánea que surgirá en cada fase del convertidor para condiciones específicas de red, determinadas referencias de $p$ y $q$ y parámetros de control $k_1$ y $k_2$.

### 4.8.2. **Estimación de referencias máximas de potencia activa y reactiva**

Utilizando (4.64) es posible determinar expresiones que permiten establecer las referencias máximas para la potencia activa y reactiva, que inyecta el convertidor a la red, sin exceder la corriente nominal del convertidor en ninguna de sus fases. A continuación, se presentan dos casos de aplicación práctica:

#### 4.8.2.1. Inyección simultánea de potencia activa y reactiva

Cuando la potencia activa a inyectar se ajusta a $P^*$, la referencia de potencia reactiva máxima se puede encontrar operando (4.64), resultando:

$$0 = Q^2 \underbrace{\left[k_2^2|\boldsymbol{u}^-|^2 + (1-k_2)^2|\boldsymbol{u}^+|^2 - 2k_2(1-k_2)\cos 2\gamma|\boldsymbol{u}^+||\boldsymbol{u}^-|\right]}_{a}$$
$$-Q\underbrace{P^*[(2k_1 + 2k_2 - 4k_1k_2)|\boldsymbol{u}^+||\boldsymbol{u}^-|\sin 2\gamma]}_{b} \quad (4.68)$$
$$\underbrace{+P^{*2}\left[k_1^2|\boldsymbol{u}^-|^2 + (1-k_1)^2|\boldsymbol{u}^+|^2 + 2k_1(1-k_1)\cos 2\gamma|\boldsymbol{u}^+||\boldsymbol{u}^-|\right] - I_{max}^2|\boldsymbol{u}^+|^2|\boldsymbol{u}^-|^2}_{c}$$

Utilizando las constantes *a, b* y *c* la expresión (4.68) se puede expresar como:

$$aQ^2 - bQ + c = 0 \quad (4.69)$$

La expresión (4.69) tiene tres soluciones ya que $\gamma$ toma tres valores definidos por (4.65), (4.66) y (4.67). Entre las tres soluciones debe seleccionarse el mínimo para garantizar que no habrá sobrecarga en ninguna de las fases, es decir: $Q = Q_{min}(I_{max}, P^*, k_1, k_2)$.

De manera similar se puede encontrar una expresión que maximiza la potencia activa *P* mientras se entrega cierto valor de referencia $Q^*$.

#### 4.8.2.2. Inyección de máxima potencia reactiva

El objetivo es inyectar a la red la mayor cantidad de *Q*, mientras la referencia de potencia activa es cero ($P^* = 0$), sin exceder la corriente máxima del convertidor en ninguna de sus fases.

$$Q = \sqrt{\frac{I_{max}^2 \cdot |\boldsymbol{u}^+|^2 \cdot |\boldsymbol{u}^-|^2}{k_2^2 \cdot |\boldsymbol{u}^-|^2 + (1-k_2)^2 \cdot |\boldsymbol{u}^+|^2 - 2k_2(1-k_2)\cos 2\gamma|\boldsymbol{u}^+| \cdot |\boldsymbol{u}^-|}} \quad (4.70)$$

La expresión (4.70) tiene tres soluciones, una para cada valor de $\gamma$. Entre las tres soluciones debe seleccionarse el mínimo para garantizar que no habrá sobrecarga en ninguna de las fases.

Es importante resaltar que (4.70) no depende de $k_1$ ya que en este caso $P^* = 0$.

### 4.8.3. Algoritmo para la simulación de referencia de potencia reactiva máxima considerando la limitación de corriente

La referencia de potencia reactiva máxima para cierta referencia de potencia activa $P^*$ considerando la limitación de corriente del convertidor se puede obtener solucionando la ecuación (4.64), resultando:

$$Q^*_{max} = \frac{b \pm \sqrt{b^2 - 4ac}}{2a} \tag{4.71}$$

La Figura 4.2 muestra el diagrama de bloques utilizado para implementar (4.71) en Simulink. La ecuación (4.71) tiene seis soluciones, dos para cada fase debido a que (4.71) es de segundo orden. Por tanto, es necesario una etapa de determinación de soluciones válidas. Luego, es necesario elegir el valor mínimo de entre las tres fases con la finalidad de garantizar que no se sobrecargue ninguna de las fases del convertidor de potencia.

Es importante indicar que la implementación desarrollada también funciona cuando se necesita inyectar solo potencia reactiva. En este caso $P^* = 0$ no resulta necesario utilizar el parámetro de control $k_1$.

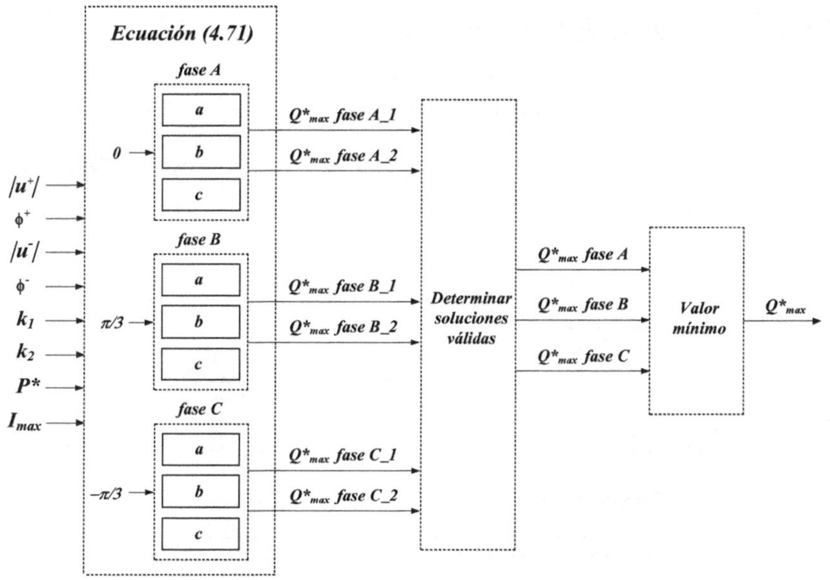


**Figura 4.2** Diagrama de bloques para la implementación en Simulink del algoritmo de referencia de potencia reactiva máxima para cierta referencia de potencia activa considerando la limitación de corriente del convertidor de potencia.

# CAPITULO 5. Resultados

Los parámetros del convertidor de potencia utilizado para la simulación se corresponden a un convertidor del laboratorio SEIL (*Smart Energy Integration Lab*) del Instituto IMDEA Energía y se muestran en la Tabla 5.1.

**Tabla 5.1** Parámetros del convertidor.

| **Convertidor** | |
|---|---|
| Potencia nominal | 15 kVA |
| I nominal | 21,6 A |
| Tensión nominal | 400 V |
| **Filtro de conexión (LCL)** | |
| $L_i$ | 2,3 mH |
| $R_i$ | 72,3 mΩ |
| Lo | 0,93 mH |
| Ro | 29,2 mΩ |
| $C_f$ | 8,8 μF |
| $R_d$ | 2,89 Ω |

## 5.1. Diseño y pruebas del control de corriente

### 5.1.1. Parámetros de diseño y prueba del control principal PI

Los parámetros de diseño del control PI se han calculado con las expresiones (3.26) y (3.27), los resultados se muestran en la Tabla 5.2.

**Tabla 5.2** Parámetros del control PI.

| | |
|---|---|
| $K_p$ | 8,42 |
| $T_i$ | 7,34 x$10^{-4}$ |
| $\zeta$ | 0,70 |
| $\omega_n$ | 300*2*$\pi$ rad/s |

Con la finalidad de probar el control principal de corriente (PI) se aplica una entrada escalón unitario como referencia de corriente en $t = 20\ ms$. La Figura 5.1 muestra la respuesta del lazo cerrado de corriente cuando se aplica el escalón unitario. Se observa un tiempo de establecimiento aproximado de $5\ ms$. Tambien se puede observar una pequeña oscilación superpuesta sobre la dinámica principal. Esta oscilación se debe a la resonancia del filtro *LCL*. Resulta importante notar que la respuesta del control PI presenta error cero en estado estacionario.

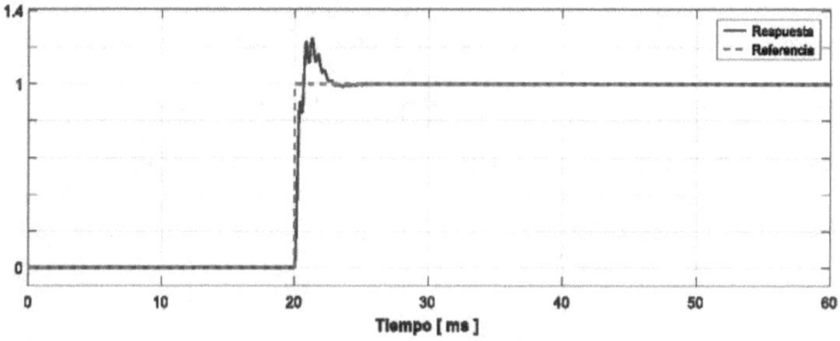


**Figura 5.1** Respuesta del control principal de corriente (PI) para una entrada de escalón unitario.

### 5.1.2. **Parámetros de diseño y prueba del control resonante**

El control resonante implementado en este TFM consiste en cuatro controles resonantes en paralelo para los armónicos 2, 4, 6 y 8. Los parámetros del control resonante se muestran en la Tabla 5.3.

**Tabla 5.3** Parámetros del control resonante.

| | $K_h$ | $\varphi_h$ |
|---|---|---|
| h= 2 | 150 | 2,94 ° |
| h= 4 | 150 | 16,36 ° |
| h= 6 | 150 | 35,02 ° |
| h= 8 | 250 | 49,42 ° |

Para probar la efectividad del control resonante, se aplica como referencia una entrada armónica ($h = 2$) de amplitud 1 $A$ al control principal PI y luego al control resonante. En estas condiciones, se observa en la Figura 5.2 que el control principal PI presenta error en estado estacionario. Sin embargo, el control resonante sigue a la entrada armónica a la perfección obteniéndose error cero en régimen estacionario como se puede observar en la Figura 5.3.

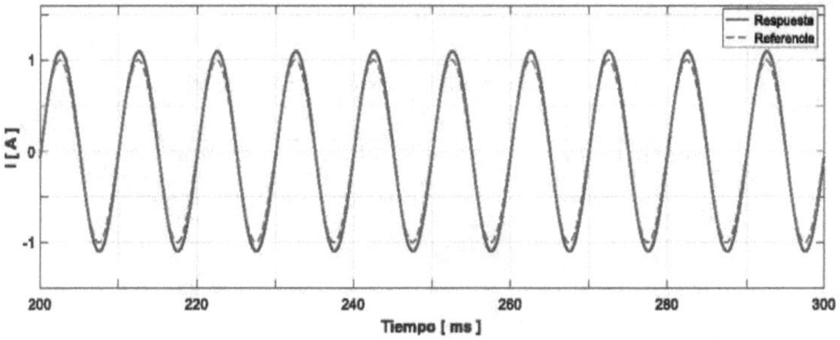


**Figura 5.2** Respuesta en estado estacionario del control principal PI para una referencia armónica de orden $\boldsymbol{h = 2\ (100\ Hz)}$.

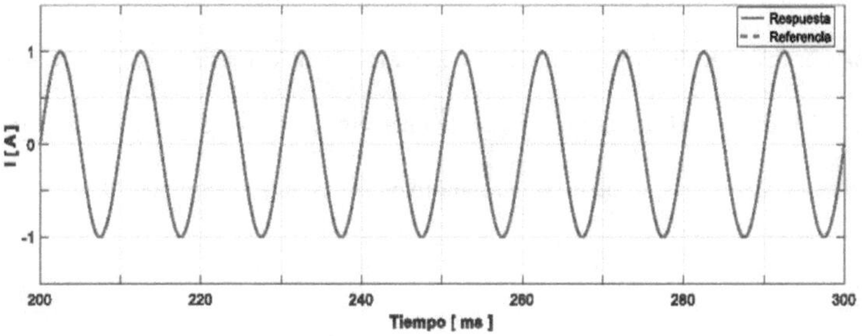


**Figura 5.3** Respuesta en estado estacionario del control resonante para una referencia armónica de orden $\boldsymbol{h = 2\ (100\ Hz)}$.

### 5.1.3. Parámetros de diseño y prueba del control de tensión continua

Como se explicó en la sección de control de tensión continua, el problema de control consiste en mantener constante el cuadrado de la tensión continua manipulando la potencia activa que inyecta el convertidor a la red.

Los parámetros del control de tensión continua se han calculado con las expresiones (3.41) y (3.42), los resultados se muestran en la Tabla 5.4.

**Tabla 5.4** Parámetros del control de tensión continua.

| | |
|---|---|
| Tensión nominal | 700 VDC |
| $C_{dc}$ | 1 mF |
| $K_p$ | 0,26 |
| $T_I$ | $3{,}7 \times 10^{-3}$ |
| $\zeta$ | 0,70 |
| $\omega_{n\_dc}$ | $\omega_n / 5$ |

Para probar este control se supondrá una variación de la tensión del bus DC desde $700\ V$ a $715\ V$ en $t = 40\ ms$, el resultado de esta simulación se observa en la Figura 5.4. Se observa que el tiempo de establecimiento es de aproximadamente $20\ ms$.

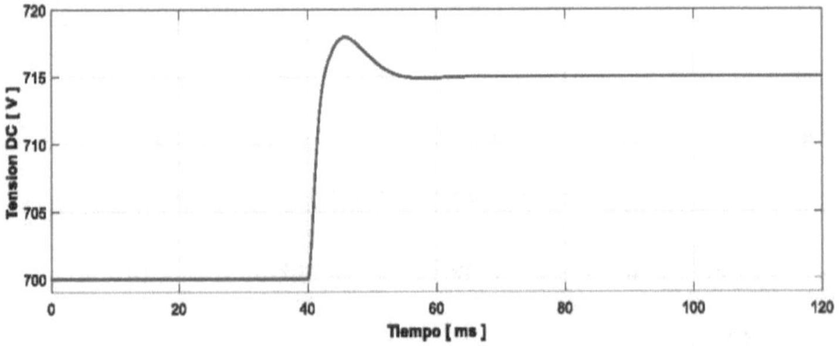


**Figura 5.4** Respuesta del control de tensión continua ante variación de la tensión DC.

### 5.1.4. Parámetros de diseño y prueba de la estructura de sincronización

Los parámetros de diseño para la sincronización con la red se muestran en la Tabla 5.5. En este caso, se simulará con una variación de la frecuencia desde 50 $Hz$ a 48,5 $Hz$ en $t = 60\ ms$. El resultado de esta simulación se muestra en la Figura 5.5, mientras que en la Figura 5.6 se observa el ángulo obtenido a partir de la frecuencia y que es usado en la Transformada de Park.

**Tabla 5.5** Parámetros de control para sincronización.

| DSOGI | |
|---|---|
| $t_s$ | 20 ms |
| $K_p$ | 1,46 |
| **SRF-PLL** | |
| $\zeta$ | 0,70 |
| $t_s$ | 90 ms |
| $K_p$ | 102 |
| $T_i$ | 0,02 |
| $\omega_{n\_PLL}$ | 73 |

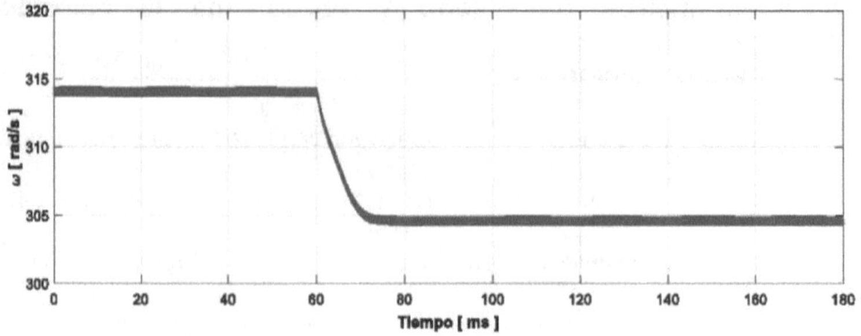


**Figura 5.5** Respuesta de estructura de sincronización ante variación de frecuencia en la red.

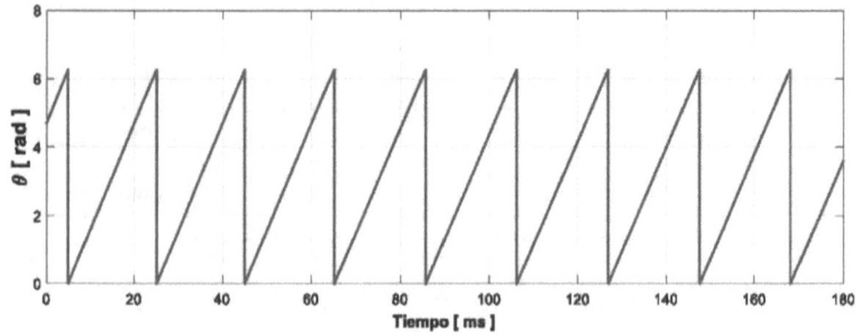


**Figura 5.6** Angulo θ usado en la Transformada de Park.

## 5.2. Comportamiento de las estrategias de operación

En esta sección se simulará el comportamiento de las corrientes de referencia generadas por las estrategias IARC, PNSC, AARC y BPSC. Para este objetivo las estrategias se implementan en un convertidor de potencia que solo inyecta potencia reactiva durante un evento de hueco de tensión. Un esquema del caso de estudio considerado se muestra en la Figura 5.7.

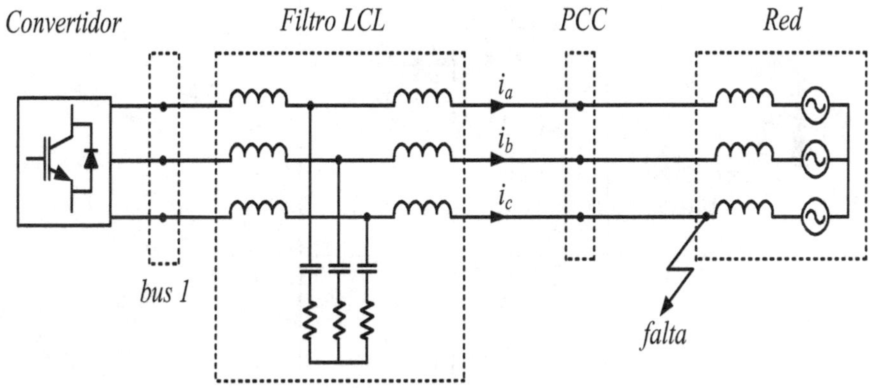


**Figura 5.7** Esquema eléctrico para simulación.

En la Figura 5.7 se produce una falta desequilibrada en la red eléctrica '*aguas arriba*' del PCC del convertidor. Sin embargo, desde la posición del convertidor éste ve un hueco de tensión en el PCC. Como la finalidad solo es observar el comportamiento de las corrientes inyectadas por las diferentes estrategias se supone que la potencia de cortocircuito en el PCC es mucho mayor a la potencia reactiva inyectada por el convertidor (modelo de red fuerte). Por tanto, la tensión en el PCC prácticamente no se verá afectada por la inyección de potencia del convertidor.

Con la finalidad de comparar las respuestas de las cuatro estrategias se presenta solo la Figura 5.8, donde se ha supuesto que el convertidor cambia de estrategia de operación cada tres ciclos durante un evento de hueco de tensión. La forma de onda de la tensión (fase – tierra) en el PCC se muestra en Figura 5.8 (a). en la Figura 5.8 (b) se muestra el comportamiento de la potencia reactiva instantánea inyectada a la red y en la Figura 5.8 (c) se observa el comportamiento de la potencia activa instantánea. Finalmente, en la Figura 5.8 (d) se observa la forma de onda de las corrientes inyectadas a la red para cada estrategia de operación.

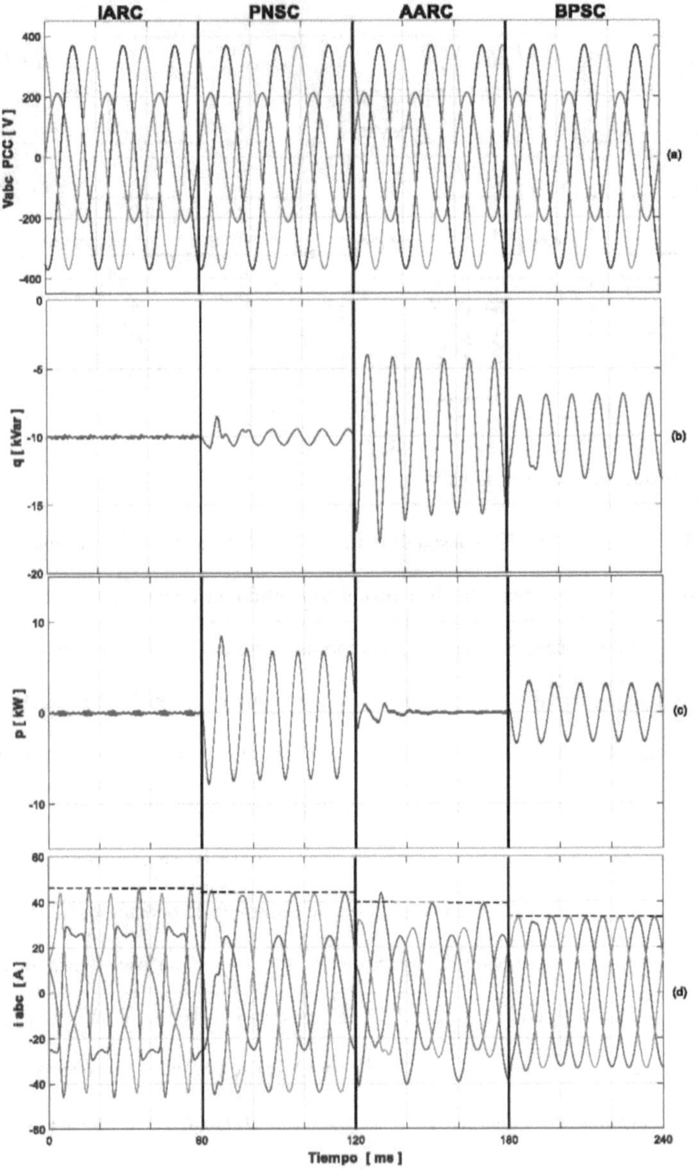


Figura 5.8 Simulación de estrategias IARC [0-60 ms], PNSC [60-120 ms], AARC [120-160 ms] y BPSC [160-240 ms]. (a) tensión en PCC, (b) potencia reactiva inyectada, (c) potencia activa inyectada y (d) corriente inyectada.

A continuación, se describen los resultados de simulación para cada estrategia.

### 5.2.1. Comportamiento de la estrategia de operación de potencia activa-reactiva instantánea (IARC)

Durante los 3 primeros ciclos $[0 - 60\ ms]$ el convertidor implementa la estrategia IARC, resultando:

- Se observa en la Figura 5.8 que el convertidor inyecta a la red un conjunto de corrientes trifásicas con alto contenido de armónicos, ésto se debe a que el módulo de la tensión en el PCC oscila al doble de la frecuencia fundamental según se observa en (4.14).
- Se inyecta exactamente $P$ y $Q$ de referencia. Tanto la potencia activa y reactiva no presentan oscilaciones.

### 5.2.2. Comportamiento de la estrategia de operación de secuencia positiva y negativa (PNSC)

En los 3 siguientes ciclos $[60 - 120\ ms]$ el convertidor implementa la estrategia PNSC, resultando:

- La Figura 5.8 muestra que la corriente inyectada a la red consiste en un conjunto de corrientes trifásicas desequilibradas, pero sin presencia de distorsión armónica.
- La potencia reactiva inyectada permanece constante. Esto se debe a que la referencia de potencia activa es cero ($P = 0$). Sin embrago, la potencia activa oscila alrededor de la referencia cero. La pequeña oscilación de $q$ se debe a un tema de simulación.

### 5.2.3. Comportamiento de la estrategia de operación de potencia activa - reactiva promedio (AARC)

Luego, durante $[120 - 180\,ms]$ el convertidor implementa la estrategia AARC, resultando:

- En este caso, se observa en la Figura 5.8 que las corrientes inyectadas a la red también son sinusoidales y desequilibradas.
- Se observa que para la misma potencia reactiva inyectada $Q$, la amplitud de la corriente es menor respecto a las amplitudes alcanzadas con las estrategias IARC y PNSC. Esta característica es muy importante ya que indica que se puede alcanzar una potencia reactiva inyectada mayor.
- La potencia reactiva presenta oscilaciones. Sin embargo, la potencia instantánea está libre oscilaciones debido a que la referencia de potencia activa es cero.

### 5.2.4. Comportamiento de la estrategia de operación equilibrada de secuencia positiva (BPSC)

Finalmente, durante $[180 - 240\,ms]$ el convertidor implementa la estrategia BPSC, resultando:

- Para este caso, se observa en la Figura 5.8 que las corrientes inyectadas por el convertidor son perfectamente sinusoidales y equilibradas. Esto debe a que la estrategia BPSC solo inyecta corrientes de secuencia positiva.
- La estrategia BPSC logra una amplitud de corriente menor respecto a las otras estrategias, inyectando la misma cantidad de potencia reactiva. Como ya se ha indicado esta característica es una ventaja muy importante.
- En este caso, debido a que no hay corriente de secuencia negativa se producen oscilaciones tanto en potencia activa como en potencia reactiva.

- En este caso, el valor nulo de $P$ o $Q$ no logra cancelar ninguna oscilación de potencia, lo cual es una diferencia con las estrategias anteriores.

## 5.3. Comportamiento de la estrategia de operación FPNSC con limitación de corriente bajo condiciones de red débil

Al igual que en el caso anterior, el convertidor de potencia solo inyectará potencia reactiva en condiciones de falta. Sin embargo, en esta simulación estará habilitado el control de limitación de corriente. La corriente nominal del convertidor es de $21{,}6\,A$ $(amplitud\ de\ onda = 30{,}5\,A)$.

La estrategia de operación flexible de secuencia positiva y negativa (FPNSC) proporciona un método más flexible para ajustar la relación entre las componentes simétricas de las referencias de corriente activa y reactiva a través de los parámetros $k_1$ y $k_2$ respectivamente. Sin embargo, en esta simulación no se tendrá en cuenta $k_1$, ya que se considera $P^* = 0$. Desde $t = 0$ está activa la estrategia de operación FPNSC, recién en $t = 80\,ms$ se habilita el control de limitación de corriente. Para esta simulación se considera un modelo de red débil según los siguientes parámetros de red: $L_g = 2\,mH$ y $R_g = 0\,\Omega$. El parámetro $k_2$ puede tomar distintos valores, pero solo dos casos serán considerados:

### 5.3.1. Caso 1. Inyección de potencia reactiva de secuencia positiva ($k_2 = 1$)

En la Figura 5.9 se observa la forma de onda de las corrientes cuando solo se inyecta potencia reactiva de secuencia positiva durante la falta. En $t = 80\,ms$ se activa la limitación de corriente, indicada en Figura 5.9 mediante líneas discontinuas.

Como se observa en Figura 5.10, la componente de secuencia positiva en el PCC se incrementa desde $288\,V$ hasta $291\,V$, mientras que en la Figura 5.11 se observa que la componente de secuencia negativa, en el PCC, no se ve afectada debido a que solo se inyecta corriente de secuencia positiva.

Un resultado importante de este caso: al incrementar la magnitud de secuencia positiva y mantener la magnitud de secuencia negativa se contribuye a soportar las tensiones en el PCC durante la falta.

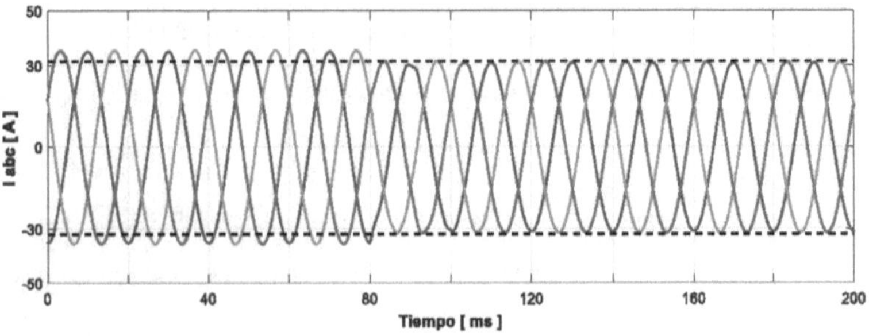


**Figura 5.9** Caso $\boldsymbol{k_2 = 1}$. Forma de onda de las corrientes inyectadas a la red utilizando la estrategia FPNSC con limitación de corriente.

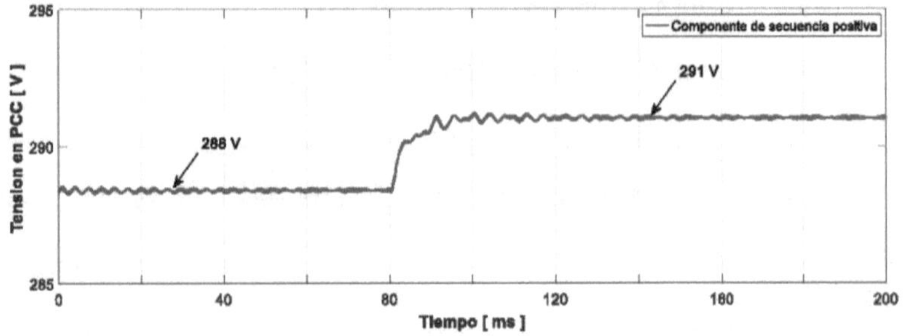


**Figura 5.10** Caso $\boldsymbol{k_2 = 1}$. Componente de secuencia positiva de la tensión en el PCC.

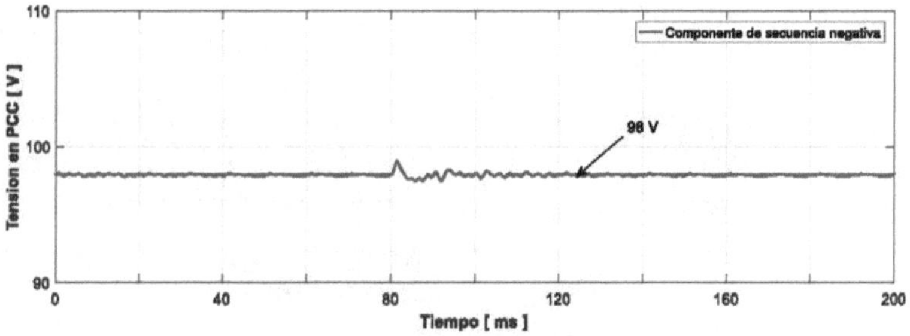


**Figura 5.11** Caso $\boldsymbol{k_2 = 1}$. Componente de secuencia negativa de la tensión en el PCC.

### 5.3.2. **Caso 2. Inyección de potencia reactiva de secuencia negativa ($\boldsymbol{k_2 = 0}$)**

En la **Figura 5.12** se observa la forma de onda de las corrientes cuando solo se inyecta potencia reactiva de secuencia negativa durante la falta, al igual que en el caso anterior son perfectamente sinusoidales y equilibradas. En $t = 80\ ms$ se activa la limitación de corriente, indicada en **Figura 5.12** mediante líneas discontinuas.

Como se observa en Figura 5.13, la componente de secuencia positiva en el PCC no se ve afectada debido a que solo se inyecta corriente de secuencia negativa, mientras que en la Figura 5.14 se observa una disminución de la magnitud de la componente de secuencia negativa, en el PCC, desde $123\ V$ hasta $117\ V$.

Un resultado importante de este caso: al mantener la magnitud de secuencia positiva y disminuir la magnitud de secuencia negativa se contribuye al equilibrio de tensiones en el PCC durante la falta.

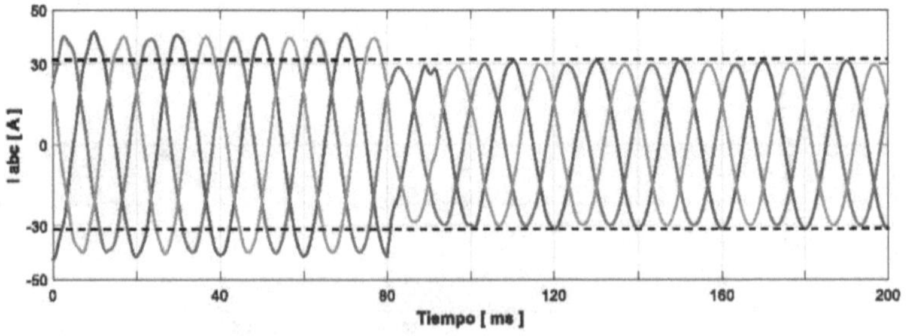


**Figura 5.12** Caso $k_2 = 0$. Forma de onda de las corrientes inyectadas a la red utilizando la estrategia FPNSC con limitación de corriente.

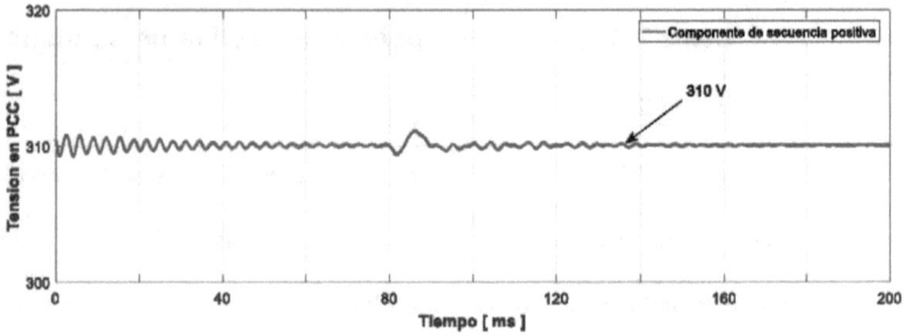


**Figura 5.13** Caso $\boldsymbol{k_2 = 0}$. Componente de secuencia positiva de la tensión en el PCC.

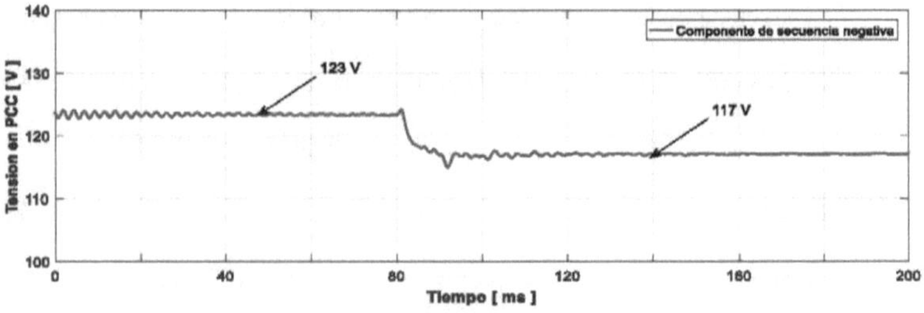


**Figura 5.14** Caso $\boldsymbol{k_2 = 0}$. Componente de secuencia negativa de la tensión en el PCC.

# CAPITULO 6. Conclusiones

El objetivo de este TFM es estudiar la operación de convertidores electrónicos en redes débiles bajo condiciones de faltas y huecos de tensión. Con la finalidad de poder simular las diferentes referencias de corriente generadas por las estrategias de operación, se diseñó un controlador capaz de seguir referencias de corrientes a frecuencia fundamental y referencias armónicas. Se presentan los resultados de simulación de las diferentes estrategias de operación y se analiza su efecto en una red débil. Como contribución de este TFM se desarrolla un algoritmo que da una visión general de la generación de potencia reactiva máxima considerando el concepto de limitación de corriente del convertidor de potencia.

## 1. Estado del arte

Para garantizar la estabilidad y continuidad de un sistema eléctrico con importante penetración de renovables, se tiende a exigir cada vez más que las renovables proporcionen servicios complementarios similares a los generadores convencionales. Estas exigencias técnicas se materializan a través de los denominados códigos de red. Este TFM se centra en las exigencias a los convertidores electrónicos de mantenerse funcionando en condiciones de faltas o huecos de tensión. En general, los códigos de red exigen que durante condiciones de red desequilibrada los convertidores inyecten potencia reactiva para contribuir a soportar o equilibrar la tensión en el PCC. Este requisito se asemeja al comportamiento de generadores síncronos operando en condiciones de sobre – excitación.

## 2. Sistema de control del convertidor

**Control principal y control de armónicos**. La estructura de control tipo *plug - in* resulta muy útil ya que permite diseñar el control principal y el control de armónico prácticamente de manera independiente. La estructura *plug - in* facilita la evaluación de la estabilidad ya que los parámetros de ambos controles presentan una interacción mínima. Por otro lado, queda claro que para seguir referencias de corriente a frecuencia fundamental es suficiente con el control principal, sin embargo, los desequilibrios obligan a seguir referencias armónicas. En este TFM se ha comprobado que los controles resonantes son un método efectivo para seguir referencias oscilatorias.

**Control de tensión continua**. La etapa de tensión continua proporciona al convertidor el nivel de tensión necesario para su correcto funcionamiento. Se ha visto en los resultados que este control tiene un tiempo de establecimiento de $20\ ms$, mientras que el tiempo de establecimiento del control principal es $5\ ms$. Este resultado es coherente ya que el control de tension continua es un control externo al control principal y por tanto se espera que sea más lento.

**Sincronización.** El sistema de control, desarrollado en este TFM, esta expresado en el sistema de referencia *dq*. Por tanto, es necesario en todo momento disponer de un valor preciso del ángulo θ utilizado en la Transformada de Park. En condiciones de red desequilibrada un PLL básico (SRF-PLL) no garantiza precisión en la estimación de $\theta$. Por este motivo, en este TFM se implementado una estructura de sincronización más compleja, denominada DSOGI, que se sincroniza con la componente de secuencia positiva de la tensión en el PCC.

## 3. Estrategias de generación de referencias de corriente

**Estrategia IARC**. Esta estrategia ha demostrado la mayor efectividad para generar referencias de corriente que entregan exactamente las $P$ y $Q$ de referencia a la red. Sin embargo, estas referencias contienen armónicos de alto orden. Inyectar armónicos a la red es una importante desventaja debido a que podría generar problemas adicionales.

**Estrategia PNSC**. Esta estrategia genera referencias sinusoidales desequilibradas, pero libre de armónicos. Cuando se inyecta solo potencia reactiva ($P^* = 0$) se cancelan las oscilaciones de potencia reactiva. Sin embargo, existe oscilación en la potencia activa alrededor de $P^* = 0$. Se presenta un comportamiento similar cuando solo se inyecta potencia activa.

**Estrategia AARC**. Esta estrategia genera referencias sinusoidales desequilibradas, pero libre de armónicos. En el caso de inyección solo de potencia reactiva ($P^* = 0$), la potencia reactiva presenta oscilaciones. Sin embargo, se cancelan las oscilaciones de potencia activa. La amplitud máxima de estas corrientes de referencia es menor que en los casos anteriores, lo cual constituye una ventaja.

**Estrategia BPSC**. Esta estrategia genera referencias perfectamente sinusoidales y equilibradas. Debido a que no se inyecta corriente de secuencia negativa presenta oscilaciones tanto en $P$ y $Q$. En este caso, en valor nulo de $P$ o $Q$ no logra cancelar ninguna oscilación de potencia. La amplitud máxima de estas corrientes en menor que en todos los casos anteriores. La corriente de referencia generada por la estrategia BPSC se puede inyectar utilizando un controlador síncrono simple (PI).

# 4. Estrategia FPNSC bajo condiciones de red débil

Esta estrategia proporciona un método más flexible para ajustar la relación entre las componentes simétricas de las referencias de corriente activa y reactiva a través de los parámetros $k_1$ y $k_2$. En este TFM, solo se ha simulado la inyección de potencia reactiva y se han analizado los siguientes casos:

**Inyección de potencia reactiva de secuencia positiva ($k_2 = 1$)**. En estas condiciones de simulación se observa que la componente de tensión de secuencia positiva en el PCC aumenta, mientras que la componente de secuencia negativa, en el PCC, no se ve afectada (debido a que solo se inyecta secuencia positiva). Incrementar la componente de secuencia positiva y mantener la componente de secuencia negativa contribuye a soportar la tensión en el PCC durante condiciones de faltas o huecos de tensión.

**Inyección de potencia reactiva de secuencia negativa ($k_2 = 0$)**. En estas condiciones de simulación se observó que la componente de secuencia positiva de la tensión en el PCC no se ve afectada. Sin embargo, la componente de secuencia negativa de la tensión, en el PCC, se vio reducida. Mantener la magnitud de la secuencia positiva y reducir la magnitud de la secuencia negativa contribuye a ecualizar las tensiones en el PCC durante condiciones de faltas o huecos de tensión.

# 5. Algoritmo para simulación de referencia de potencia reactiva máxima considerando el concepto de limitación de corriente

Independientemente a los servicios complementarios que pueda ofrecer un convertidor de potencia debe garantizarse en todo momento no exceder su capacidad nominal en ninguna de sus fases. En este TFM se estudió el concepto de limitación para una estrategia en particular (FPNSC). Como aporte de este TFM se desarrolló un algoritmo que brinda una visión general útil para simular una referencia de potencia reactiva máxima considerando el concepto de limitación de corriente. Aunque en las simulaciones realizadas se considera la referencia de potencia activa nula, el algoritmo desarrollado es válido para cualquier valor de $P^*$. El algoritmo desarrollado brinda una visión general de cómo resolver las ecuaciones cuadráticas en tiempo real considerando las particularidades de cada fase. También da una visión general de las restricciones a tener en cuenta que garantizan no exceder la capacidad nominal del convertidor electrónico en ninguna de sus fases.

# 6. Descripción de la simulación

Todos los resultados presentados en este TFM han sido cuidadosamente simulados. Para modelar todo el sistema de control del convertidor electrónico se utilizó Simulink. Para modelar el sistema eléctrico se utilizó Power Systems (Simscape). Las perturbaciones fueron generadas con una fuente trifásica programable.

# Observaciones finales

Luego del estudio y simulación de las estrategias de operación existentes, se concluye que el uso de una estrategia en particular depende de las exigencias de código de red que regula la operación de las fuentes renovables. Por ejemplo, requisitos tales como: soportar el nivel de tensión, ayudar a ecualizar las tensiones, suprimir oscilaciones de potencia o limitar la inyección de corrientes armónicas definirán que estrategia implementará el convertidor de potencia durante condiciones faltas o huecos de tensión.

# CAPITULO 7. Trabajos futuros

1. En este capítulo se sugieren posibles trabajos futuros en el desarrollo o investigación de la operación de convertidores electrónicos bajo condiciones de faltas y huecos de tensión. Siendo los siguientes:
2. La operación de convertidores electrónicos bajo condiciones de faltas y huecos de tensión en una micro red. En estas condiciones la tensión ya no la fija la red, sino que debe ser fijada por uno de los convertidores de la micro red.
3. El estudio de generación de referencias de corriente bajo condiciones de red desequilibrada cuando el convertidor inyecta potencia a una red de cuatro hilos. En este caso habrá también que generar una referencia de corriente homopolar y luego diseñar un controlador de corriente capaz de inyectar este conjunto de corrientes a la red.
4. La operación de convertidores electrónicos bajo condiciones de faltas y huecos de tensión realizando cambios en la planta. Uno de esos cambios podría ser evaluar el comportamiento para distintos parámetros de una red débil.
5. Profundizar en la operación de convertidores electrónicos en paralelo bajo condiciones de red desequilibrada en una micro red.
6. La implementación en tiempo discreto de las estrategias de generación de referencias de corrientes bajo condiciones de red desequilibrada.
7. La validación de las estrategias de generación de referencias de corriente utilizando un prototipo en laboratorio.

# Referencias


[1] Red Eléctrica de España, «Informe del Sistema Eléctrico Español 2016,» España, 2017.

[2] PHC Servicios Integrados Group SAS, «Referenciamiento Internacional sobre Requisitos Técnicos de Generación Eólica a gran escala,» Medellin, Colombia, 2015.

[3] Red Eléctrica de España, «Procedimiento de operación 12.3 Requisitos de respuesta frente a huecos de tensión de las instalaciones eólicas.,» *BOE,* nº 254, pp. 37017-37019, 2006.

[4] L. Zhang y M. Bollen, «A Method for Characterization of Three-phase Unbalanced Dips (Sags) from Recorded Voltage Waveshapes,» *Proceedings of International Telecommunications,* 1999.

[5] L. Zhang y M. Bollen, «Characteristic of Voltage Dips (Sags) in Power Systems,» *IEEE TRANSACTIONS ON POWER DELIVERY,* vol. 15, nº 2, pp. 827-832, 2000.

[6] S. Chattopadhyay, M. Mitra y S. Sengupta, Electric Power Quality, New York: Springer, 2011, pp. 89-96.

[7] M. Liserre, R. Teodorescu y F. Blaabjerg, «Multiple harmonics control for three-phase grid converter systems with the use of PI-RES current controller in a rotating frame,» *IEEE Transactions on Power Electronics,* vol. 21, nº 3, pp. 836-841, 2006.

[8] R. Bojoi, G. Griva, V. Bostan, M. Guerriero, F. Farina y F. Profumo, «Current control strategy for power conditioners using sinusoidal signal integrators in synchronous reference frame,» *IEEE Transactions on Power Electronics,* vol. 20, nº 6, pp. 1402-1412, 2005.

[9] J. Roldan Perez, «Application and Control of Series Active Conditioners in Electrical Distribution Systems,» Madrid, 2014.

[10] G. Ramos, J. Cortés y A. Jiménez, «Control proporcional integral generalizado para señales periódicas,» *Tecnura,* vol. 17, nº 2, pp. 18-32, 2013.

[11] M. Liserre, R. Teodorescu y F. Blaabjerg, «Multiple Harmonics Control for Three-Phase Grid Converter Systems With the Use of PI-RES Current Controller in a Rotating Frame,» *IEEE TRANSACTIONS ON POWER ELECTRONICS,* vol. 21, nº 3, pp. 836-841, 2006.

[12] D. Novotny y T. Lipo, Vector control and dynamics of AC drives, Nueva York: Oxford University Press, 1996.

[13] P. Krause, O. Wasynczuk y S. Sudhoff, ANALYSIS OF ELECTRIC MACHINERY AND DRIVE SYSTEMS, Estados Unidos de America: A JHON WILEY & SONS, INC PUBLICATION, 2002.

[14] A. Rodríguez Cabero, «AVANCES EN EL CONTROL DE CONVERTIDORES ELECTRÓNICOS FUENTE DE TENSIÓN CONECTADOS EN SERIE CON EL SISTEMA ELÉCTRICO,» Madrid, 2013.

[15] K. Ogata, Ingenieria de control moderna, 5ta. edicion ed., Madrid: Pearson Educacion S.A., 2010, pp. 24-25.

[16] C. Fortescue, «Method of Symmetrical Coordinates Applied to the Solution of Polyphase Networks,» *AIEE,* vol. 37, pp. 1027-1140, 1918.

[17] O. Pinzón Ardila, «Compensación Selectiva de Armónicos Mediante Filtros Activos de Potencia,» Tesis Doctoral, Madrid, 2007.

[18] A. García, P. Roncero, P. García y V. Feliú, «Detailed Analysis of Closed-Loop Control of Output-Voltage Harmonics in Voltage-Source Inverters,» *Electric Power Applications IEE Proceedings,* vol. 151, nº 6, pp. 734-743, 2004.

[19] R. Bojoi, G. Griva, B. Valeriu, G. Maurizio y F. Francesco, «Current Control Strategy for Power Conditioners Using Sinusoidal Signal Integrators in Synchronous Reference Frame,» *IEEE TRANSACTIONS ON POWER ELECTRONICS,* vol. 20, nº 6, pp. 1402-1412, 2005.

[20] A. Yepes, F. Freijedo, L. Oscar y J. Doval, «High-Performance Digital Resonant Controllers Implemented With Two Integrators,» *IEEE TRANSACTIONS ON POWER ELECTRONICS,* vol. 26, nº 2, pp. 563-576, 2011.

[21] G. Franklin, D. Powell y A. Emami-Naeini, FEEDBACK CONTROL OF DINAMIC SYSTEMS, New Jersey: Pearson Prentice Hall, 2006.

[22] R. Villalobos, H. López, N. Vázquez y C. Hernández, «Estructuras de control SOGI para sincronización con la red eléctrica,» *Pistas Educativas,* nº 99, pp. 6-21, 2012.

[23] A. Luna, J. Rocabert, I. Candela, J. Hermoso, R. Teodorescu, F. Blaabjerg y P. Rodríguez, «Grid Voltage Synchronization for Distributed Generation Systems Under Grid Fault Conditions,» *IEEE TRANSACTIONS ON INDUSTRY APPLICATIONS,* vol. 51, nº 4, pp. 3414-3425, 2015.

[24] A. Luna, J. Rocabert, G. Vazquez, P. Rodríguez, R. Teodorescu y F. Corcoles, «Grid Synchronization for Advanced Power Processing and FACTS in Wind Power Systems,» *IEEE,* pp. 2915-2920, 2010.

[25] R. Teodorescu, M. Liserre y P. Rodríguez, Grid Converters for Photovoltaic and Wind Power Systems, United Kingdom: Jhon Wiley & Sons, Ltd, 2011.

[26] H. Akagi, E. Hirokazu y M. Aredes, INSTANTANEOUS POWER THEORY AND APPLICATIONS TO POWER CONDITIONING, New Jersey: Jhon Wiley & Sons, Inc., 2007.

[27] W. Hayt, J. Kemmerly y S. Durbin, ANALISIS DE CIRCUITOS EN INGENIERIA, Septima edicion ed., vol. 18, Mexico D.F.: Mc Graw Hill Interamericana, 2007, pp. 735-750.

[28] G. Goodwin, S. Graebe y M. Salgado, Control system design, Londres: Prentice Hall, 2001.

[29] B. Francis y W. Wonham, «The internal model principle for linear multivariable regulators,» *Applied Mathematics and Optimization,* vol. 2, pp. 160-194, 1975.

# Presupuesto

El presupuesto total de este TFM, antes de impuestos, asciende a la suma de 23 100 €, según se muestra en la Tabla 1.

**Tabla 1**. Resumen del presupuesto.

| **Resumen del Presupuesto** | | | |
|---|---|---|---|
| Descripción | horas estimadas | C. U | Total |
| Horas de revisión (Director TFM) | 20 | 50 | 1,000 € |
| Horas de revisión | 250 | 25 | 6,250 € |
| Horas de diseño y simulación | 360 | 25 | 9,000 € |
| Horas de otras tareas | 170 | 25 | 4,250 € |
| Matlab | 1 | 300 | 300 € |
| Paquete de Microsoft Office | 1 | 100 | 100 € |
| Bibliografía | 1 | 100 | 100 € |
| Prepuesto Total | | | 21,000 € |
| Beneficio (10 %) | | | 2,100 € |
| **Prepuesto Total (antes de impuestos)** | | | **23,100 €** |

El detalle respecto a las *horas de revisión* se observa en la Tabla 2, mientras que el detalle de las *horas de diseño y simulación* se observa en la Tabla 3. Las *horas de otras tareas* y *recursos empleados* se muestran en Tabla 4 y Tabla 5, respectivamente.

**Tabla 2**. Detalle de horas de revisión.

| **Horas de revisión** | |
|---|---|
| Descripción | horas estimadas |
| Lectura de artículos y bibliografía | 120 |
| Lectura de tesis doctorales | 60 |
| Lectura de proyectos | 40 |
| Síntesis de la información | 30 |
| **Total** | **250** |

**Tabla 3**. Detalle de horas de diseño y simulación.

| **Horas de diseño y simulación** | |
|---|---|
| Descripción | horas estimadas |
| Aprendizaje de herramientas de simulación | 20 |
| Modelado de sistemas de sincronización | 30 |
| Modelado matemático del sistema trifásico | 20 |
| Elaboración de modelo empleando Power Systems | 10 |
| Control del convertidor electrónico | 90 |
| Modelado matemático de estrategias de operación | 20 |
| Modelado de estrategias con diagramas de bloques | 80 |
| Modelado de limitación de corriente | 30 |
| Simulación de estrategias de operación | 30 |
| Simulación en escenario de red débil | 30 |
| **Total** | **360** |

**Tabla 4**. Detalle de horas de otras tareas.

| **Horas de otras tareas** | |
|---|---|
| Descripción | horas estimadas |
| Elaboración de memoria | 150 |
| Presentación del proyecto | 20 |
| **Total** | **170** |

**Tabla 5**. Detalle de recursos empleados.

| **Recursos empleados** | |
|---|---|
| Descripción | Cantidad |
| Matlab R2016b | 1 |
| Paquete de Microsoft Office 365 | 1 |
| Bibliografía UC3M | 1 |

FSC
www.fsc.org
MIX
Papier | Fördert
gute Waldnutzung
FSC® C083411

Kolibri 360 GmbH
Ferdinand-Jühlke-Straße 7
99095 Erfurt, Deutschland
produktsicherheit@kolibri360.de

Druck:
CPI Druckdienstleistungen GmbH
im Auftrag der
Kolibri 360 GmbH
Ferdinand-Jühlke-Str. 7
99095 Erfurt